JN218916

倒立振子の作り方
ゼロから学ぶ強化学習

物理シミュレーション × 機械学習

遠藤理平◉著

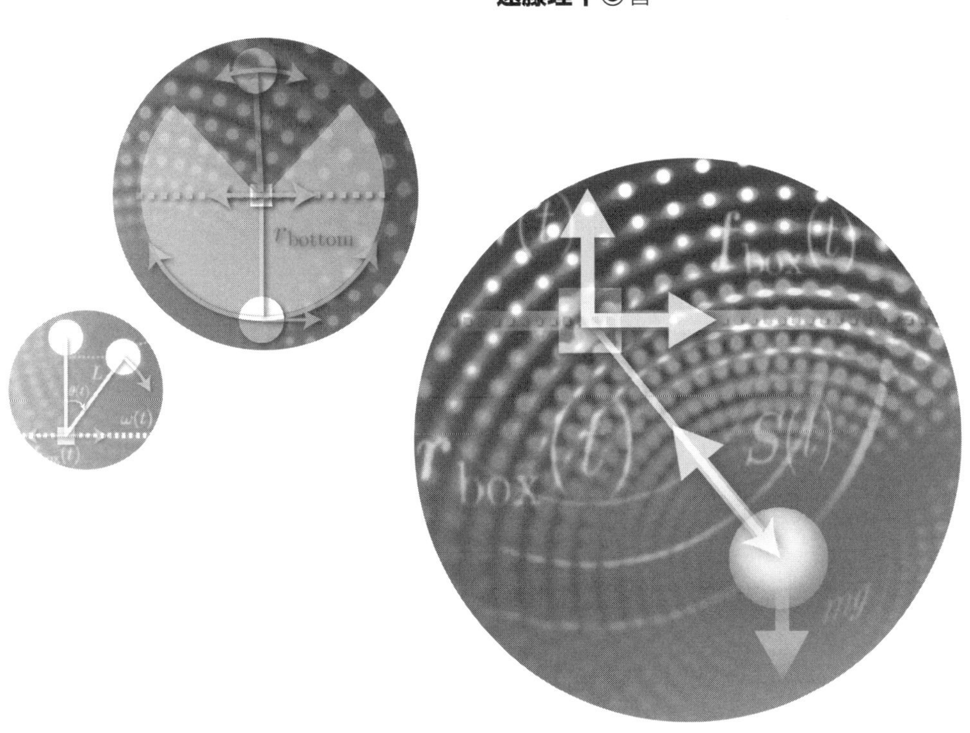

はじめに

小学生の時分、雨上がりの学校からの帰り道で、「手のひらに乗せた傘」を倒さないように歩いた経験は誰にでもあると思います。「傘の角度」や手に感じる「傘から受ける力」などの情報をもとに、状況を瞬間的に判断して最適な行動を取ることで傘の状態を維持しますが、誰に教わるでもなく、練習を重ねることで誰でも出来るようになります。反対に、行動指針を言葉で説明しようとすると、冗長でわかりにくい表現にならざるを得ません。

このように言葉で説明するのは難しいが、練習により失敗と成功を繰り返すことで習得できる認知のことを**暗黙知**と呼びます。自転車に乗る、ブランコを漕ぐ、などの動作が、その代表例となります。反対に、言葉や図表、法則などで表現できる知識は**形式知**と呼ばれ、科学・技術と高い親和性がある領域となります。

昨今の人工知能と評される**機械学習**は、人間が設定した目的に対して「試行錯誤の反復訓練」を行うことで、期待値が高い行動を学習できるものです。つまり、コンピュータには苦手な領域とされていた暗黙知を従来の技術基盤に取り込むという、全く新しい価値創造の可能性を意味しています。

本書は、コンピュータを用いて物理現象を再現する「物理シミュレーション」と、与えられた環境内で目的に応じて最適な行動を決定する「強化学習」を組み合わせて解説する書籍です。

先ほど例として紹介した「手のひらに乗せた傘」をモデル化した倒立振子を対象に強化学習の方法を解説していきます。

本書は大きく分けて、前半4章と後半6章の2部構成になっています。前半は、3×3のマス目に○（先手）と×（後手）のマークを交互に埋めていき、「縦・横・斜めのいずれかで同じマークが3つ並ぶと勝ち」という2人対決ゲーム（三目並べ）を題材にして強化学習の基本を解説します。その結果を踏まえて、コンピュータ対戦型の三目並べ（Webブラウザゲーム）を開発します。実行環境にWebブラウザを利用するため、HTML5（JavaScript）を使ってゲームを開発します。

後半は、振り子運動のシミュレーションの実装方法を解説し、その後、倒立振子を強化学習と組み合わせて実現するために必要な要素を順番に解説していきます。物理シミュレーションは計算量が多いため、プログラミング言語としてC++を利用します。

最後に、本書の執筆の機会を頂きました株式会社カットシステムの石塚勝敏さん、非常に丁寧な編集を行なって頂きました阿久澤裕樹さん、また、日常的に議論に付き合って頂いている特定非営利活動法人natural scienceの皆さんに深く感謝申し上げます。

2019年1月　遠藤 理平

◆サンプルファイルのダウンロードについて

本書で解説したサンプルプログラムは、以下のURLからダウンロードできます。強化学習を学ぶときの参考としてご利用ください。

http://cutt.jp/books/978-4-87783-440-1/sample.zip

動作環境

◆第1章から第4章まで ―――――― HTML5（JavaScript）

HTML5（JavaScript）を用いて、Webブラウザで動作するコンピュータ対戦型の三目並べゲームを開発します。HTML5を用いる利点は大きく分けて3つあります。

1つ目はWebブラウザが動作する環境であれば、Windows／Mac／Androidに限らず、どの端末でも動作するクロスプラットフォーム性です。2つ目は、開発に必要な環境を限定しないことです。HTMLソースを編集する「テキストエディタ」とプログラムを実行する「Webブラウザ」さえあれば、あらためて開発環境を用意する必要はありません。3つ目は、HTMLはもともとWebページ制作用の言語であるため、ユーザーインターフェースの作成が非常に簡単なことです。

本書ではHTML5の記述について詳しく解説していませんが、すべてのソースコードを掲載していますので、わからない箇所はWebなどで確認してみてください。

◆第5章から第10章まで ―――――― C++

本書で紹介するC++のサンプルプログラムは、Visual Studioでコンパイル＆実行することを想定し、Visual Studioソルーションファイルを用意しています。Visual Studioはマイクロソフトが提供する統合開発環境で、様々な言語でアプリケーションを開発することができます。個人利用であれば無償で使用できます（Visual Studio 2017 Community版の場合）。

なお、Visual Studioのほかに、Windowsにおけるgcc実行環境であるMinGW（ver.4.5.0）を用いて、C++のコンパイルならびに実行を確認しています。

・MinGWのgccを使ったコンパイル時の注意点

MinGWで提供されているgcc（ver.5.3.0）のC++コンパイラーは、バージョンがC+98と少し古いタイプになります。このため、C++の最新機能を利用する場合は注意が必要となります。

たとえば、gccでは`std::to_string`を利用できないため（gccの既知のバグ）、整数型から`string`型への型変換を簡単に実行することはできません。C++標準ライブラリの`std::ostringstream`（文字列ストリーム）を利用する必要があります。また、計算結果を出力するファイル名を`ostringstream`クラスの文字列で指定する際に、`ostringstream`クラスの`str`メソッドを利用する必要があります。この`str`メソッドはC+11以降でしか利用できないため、gccコンパイラーでC++をコンパイルする際に、C+11を利用するコンパイルオプションを指定しなければなりません。

なお、gcc（ver.5.3.0）はC++14まで対応しているため（※1）、C++14を利用することにします。コンパイル方法は次のとおりです。

```
g++ ファイル名.cpp -std=c++14
```

（※1）gccのバージョンとC++コンパイラーのバージョンの対応は公式ページで確認できます。
https://gcc.gnu.org/projects/cxx-status.html

そのほか、gccの場合は、

- 絶対値を計算するabs関数がdouble型に対応していないため、fabs関数を利用する
- 円周率を表す定数M_PIを利用するには、プログラムのはじめに「#define _USE_MATH_DEFINES」を追加する

といったことにも注意しなければなりません。なお、コンパイラーにVisual Studioを利用する場合は、特に注意する必要はありません。

目次

第1章 強化学習で三目並べを学習させよう！ 013

1.1 強化学習の概念 014
1.2 環境・エージェント・状態・行動の定義 015
1.3 状態と行動の三目並べにおける具体例 016
1.4 報酬の定義 017
1.5 行動評価関数の定義とQ学習のアルゴリズム 019
1.6 Q学習アルゴリズムの導出 020
1.7 行動選択の方法 022

第2章 三目並べ全状態の列挙方法 023

2.1 対称性の確認 024
2.2 対称操作の方法 027
2.3 状態の定義と重複チェックの方法 029
2.4 対称性を考慮した全状態を列挙 032
2.5 勝敗決定時に終了する場合の全状態 037

第3章 三目並べの強化学習 039

3.1 三目並べにおける行動評価関数の更新方法 040
3.2 三目並べ強化学習の環境を表現するEnvironmentクラス 042
3.2.1 Environmentクラスのメンバ変数とメンバ関数 042
3.2.2 Environmentクラスのコンストラクタ 044
3.2.3 Environmentクラスのlearn関数 045
3.2.4 EnvironmentクラスのcheckLine関数 047
3.3 三目並べ強化学習のエージェントを表現するAgentクラス 049
3.3.1 Agentクラスのメンバ変数とメンバ関数 049
3.3.2 AgentクラスのselectNextMove関数 051
3.3.3 AgentクラスのselectNextMoveUseEpsilon関数 053
3.3.4 AgentクラスのselectNextMoveUseBoltzman関数 054
3.3.5 AgentクラスのupdateQfunction関数 055
3.3.6 AgentクラスのgivePenalty関数 056

第4章 強化学習成果のパラメータ依存性 057

4.1 強化学習の実行方法 058
4.2 学習成果の検証方法 062
4.3 ランダム法の成果 063
4.4 Epsilon-Greedy法を用いた学習 065
4.5 Epsilon-Greedy法のε依存性 066
4.6 ボルツマン法を用いた学習 069
4.7 ボルツマン法のβ依存性 070
4.8 学習回数ごとにパラメータを変化させる学習法 072
4.9 ペナルティ値の依存性 074
4.10 割引率依存性 075
4.11 最適パラメータによる学習成果 076

4.12 コンピュータ対戦型三目並べゲーム 077

第5章 振子運動のシミュレーション方法 081

5.1 倒立振子の数理モデル 082
5.2 張力の導出 086
5.3 ルンゲ・クッタ法を用いたプログラミングの方法 088
5.4 Vector3クラスのヘッダーファイル 092
5.5 RK4_Nbodyクラスのヘッダーファイル 094

第6章 振子運動シミュレーション 097

6.1 動作確認1：おもりに初速度を与えた場合 098
6.2 動作確認2：滑車に周期的な力を与えた場合 099
6.3 単振子運動シミュレーション 101
6.4 強制振動運動シミュレーション 102

第7章 強化学習で倒立振子シミュレーション 105

7.1 倒立振子運動に対する強化学習の実装 106
- 7.1.1 強化学習の状態と行動の定義 106
- 7.1.2 振り子の角度と角速度の計算方法 108
- 7.1.3 メイン関数での実行内容 110
- 7.1.4 環境（Environmentクラス）のメンバ 115
- 7.1.5 エージェント（Agentクラス）のメンバ 118

7.2 環境（Environmentクラス）の実装 …… 121
7.2.1 learn関数 …… 121
7.2.2 learnOneTerm関数 …… 122
7.2.3 createRanking関数 …… 123
7.2.4 learnOneEpisode関数 …… 124
7.2.5 ouputProbabilityOfSuccess関数 …… 126
7.2.6 outputBestLocus関数 …… 127
7.3 エージェント（Agentクラス）の実装 …… 128
7.3.1 setInitialCondition関数 …… 128
7.3.2 getXIndex関数 …… 129
7.3.3 checkState関数 …… 130
7.3.4 updateQvalue関数 …… 130
7.3.5 selectNextAction関数 …… 131
7.3.6 giveReword関数 …… 134

第8章 倒立状態維持の強化学習 135

8.1 学習対象と報酬の定義 …… 136
8.2 基本パラメータによる学習結果 …… 138
8.3 原点近傍近くに縛る報酬の与え方 …… 139
8.4 最適な割引率について …… 142

第9章 最下点から強制振動運動の強化学習 143

9.1 学習対象の報酬の定義 …… 144
9.2 成功と失敗の設定 …… 145
9.3 学習結果 …… 147

第10章 最下点から倒立状態維持の強化学習 149

10.1 学習対象の報酬の定義 …… 150
10.2 成功と失敗の設定 …… 152
10.3 学習結果 …… 153
10.4 最適なA_pの探索 …… 154
10.5 最適なパラメータの探索時のメモ …… 156

索引 …… 157

強化学習で三目並べを学習させよう！

1.1 強化学習の概念
1.2 環境・エージェント・状態・行動の定義
1.3 状態と行動の三目並べにおける具体例
1.4 報酬の定義
1.5 行動評価関数の定義とQ学習のアルゴリズム
1.6 Q学習アルゴリズムの導出
1.7 行動選択の方法

1.1 強化学習の概念

強化学習とは、ある**環境**（Environment）内にある**エージェント**（Agent）が、現在の**状態**（State）に対して取るべき**行動**（Action）を決定する機械学習の一種です。エージェントが行動すると、それに応じて状態が変化します。同時に、エージェントは行動に対する**報酬**（Reward）を環境から受け取ります。強化学習は、一連の行動によって報酬を最大化する**方策**（Policy）を学習することを指します。三目並べを例にすると、それぞれの対応は以下のようになります。

環境＝「ゲーム全体」
エージェント＝「プレイヤー」
状態＝「譜面」（○×の配置）
行動＝「次の手」
報酬＝「勝敗」
方策＝「勝率を上げるための戦略」

強化学習は、初めから正解がわかっているわけではなく、以下に示した**図1-1**の①～④を何度も繰り返すことで方策を学習していきます。このため、もともと正解が与えられている**「教師あり学習」**とは異なる、**「教師なし学習」**に分類されます。つまり、初めから知られている「良い手」を学習させるのではなく、勝負を繰り返して「勝率の高い手」を経験的に学習させていきます。

正しい方策を導き出すための肝となるのが、目的に応じた報酬の与え方です。報酬の与え方が悪いと目的を達成することができません。プログラマーがすべきことは「良い手」を教えることではなく、報酬の与え方をプログラミングすることになります。

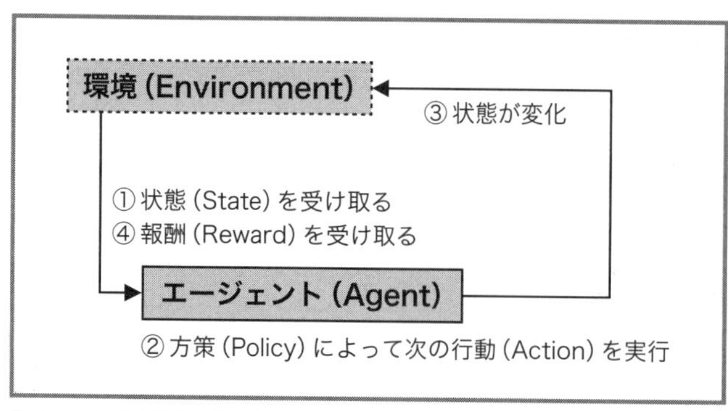

図1-1　強化学習の概念図

本書では、強化学習の中で最も利用されているアルゴリズムの一つである**Q学習**（Q-Learning）を用います。Q学習は、ある状態で取りうる行動のうち「状態に対する行動の価値」が一番高い行動を実行することを方策として学習を行います。この「状態に対する行動の価値」は**行動評価関数**（Q値）と呼ばれ、多次元の表や多変数関数で表現されます。

なお、エージェントは「どのような経緯で現時点の状態に至ったのか」は考慮せず、あくまで「環境から与えられる現時点での状態」に対して、方策に従って次の行動を実行するとします（過去の行動は状態に全て反映されていると考えます）。

1.2 環境・エージェント・状態・行動の定義

三目並べを具体例とした環境、エージェント、状態、行動は以下のとおりです。

■表1-1　環境・エージェント・状態・行動の定義

項目	説明
環境	3×3のマス目の管理と勝敗を判定。ゲーム開始からの手数をtと表す。
エージェント	プレイヤー（先手と後手の2つ）。
状態	全マス目の「○」「×」「未配置」の配置パターン。手数tの状態を$s(t)$と表す。
行動	全マス目の「未配置」のマス目に手を打つ。手数tの行動を$a(s,t)$と表す。

状態と行動について補足説明します。三目並べは0手目から9手目までを個別のパターンとみなすと、3×3＝9つのマス目に「○」「×」「未配置」の3つのどれかが入ると考えられます。マス目の位置まで区別すると全部で$3^9=19683$パターンの状態が存在することになります。ただし、三目並べは勝負がついた時点で終了となり、最短で5手目での終了もあり得るため、実際のゲームではこのパターン数よりも少なくなります。

さらには、位置は異なっていても手としては実質的に同じパターンも多数存在します。1手目の状態を示した**図1-2**を例に説明します。先手（○）は全マス目の9箇所どこにでも指すことができますが、本質的に異なる手は「四隅」「四辺の真ん中」「真ん中」の3パターンです。たとえば、どの四隅に打ったとしても（または、どの四辺の真ん中に打ったとしても）、手としては実質的に同じ状態であると考えられます。このような「実質的に同じ状態」を1つの状態にまとめることで、学習効率を上げることができます。

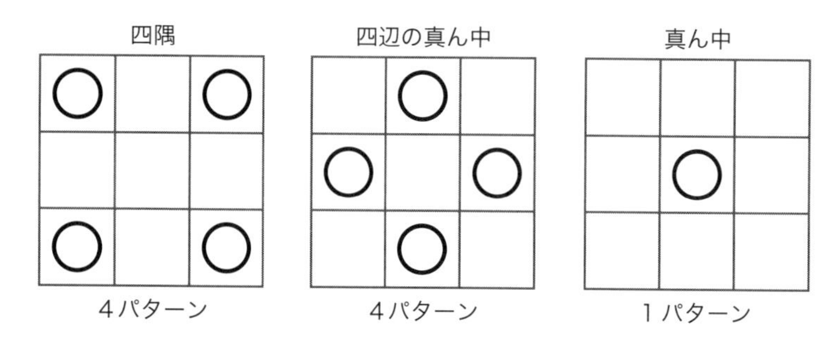

図1-2　本質的に同じ手となるパターン（1手目）

このような「実質的に同じ状態パターン」は、正方形に存在する3つの対称性（線対称・回転対称・点対称）と関係があります。正方形の対称性については2.1節を参照ください。

1.3 状態と行動の三目並べにおける具体例

状態と行動のイメージを沸かせるために、三目並べにおける0手目、1手目、2手目の状態を**図1-3**に示します。$t = 0$の状態$s(0)$はまだ何も手が指されていない状態（1パターン）です。エージェントはこの状態を受け取った後に、先手「○」の3つの選択肢から1つの行動$a(0)$を選択して実行します。その結果、状態は$s(0) \to s(1)$へ遷移します。$s(1)$は前節で解説したように、対称性を考慮すると3パターンです。この各状態に対して、それぞれ後手「×」の選択肢は**図1-3**に示したとおり全部で12パターンあり、そのうち1つの行動$a(1)$を選択して実行します。

実行した結果、状態は$s(1) \to s(2)$へ遷移します。$s(2)$は対称性を考慮すると12パターンです。次の先手「○」の選択肢は全部で38パターンあり、その中から1つの行動$a(2)$を選択して実行します。このような手順で状態遷移と行動を続けます。

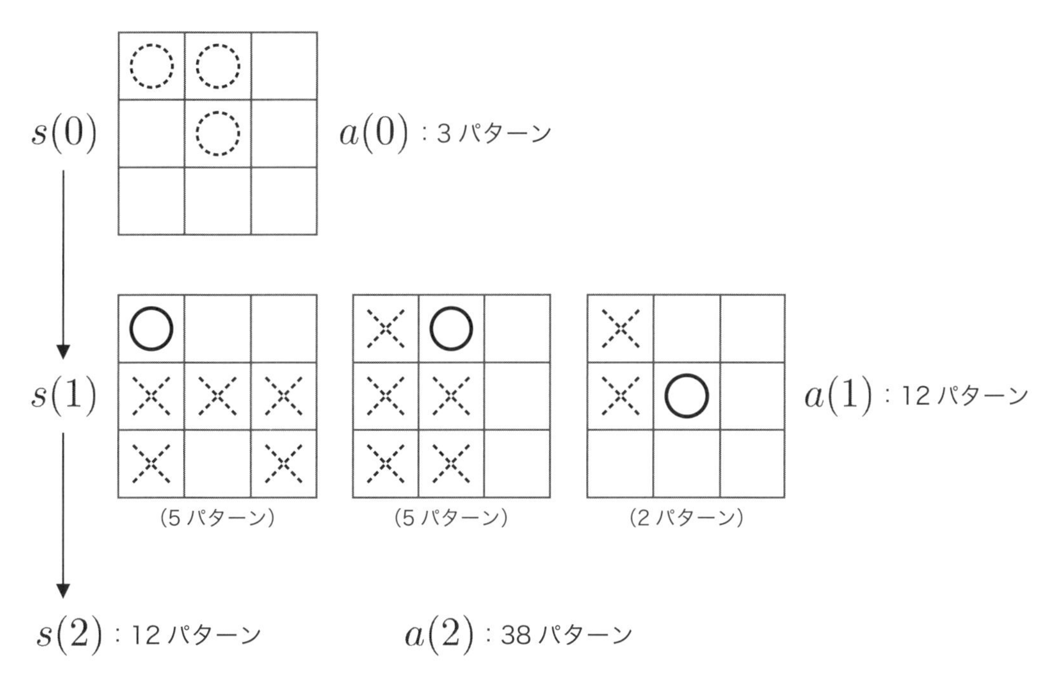

図1-3　状態と行動の具体例（0手目、1手目、2手目）

1.4 報酬の定義

三目並べの勝負の結果は、**図1-4**に示したような先手「○」の勝ち、後手「×」の勝ち、勝負なしのほか、先手「○」が2ライン並んだ勝ちもあり得ます。三目並べのように勝敗がはっきり決定できる場合は、「結果に対して報酬を与える」が最も簡単な報酬の定義となります。勝敗が決定する前の途中の状態は報酬0として、報酬の与え方を**表1-2**のように定義します。なお、t手目の行動$a(t)$で**エージェント**が得られる報酬を$r(t)$と表すことにします。

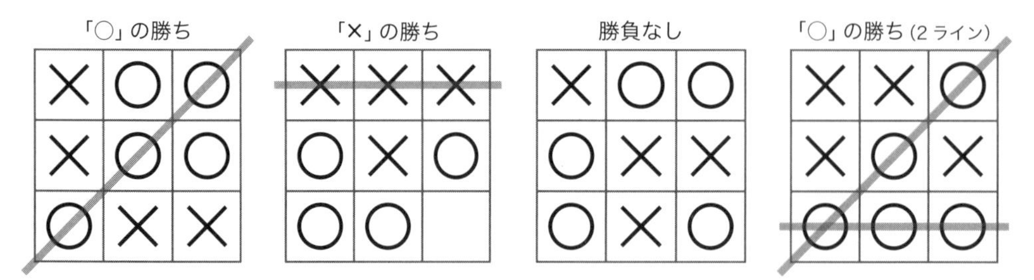

図1-4　三目並べの勝敗パターンの例

■表1-2　三目並べの報酬の例

状態	報酬
途中	0点
勝ち	1点
負け	-1点
勝負なし	0点

ただし、結果が確定した時刻tの報酬$r(t)$のみに値を与えた場合、勝負が決まる前の各手の有利・不利が反映されません。そこで、勝負が決定するまでの途中の報酬も別途、与える必要があります。三目並べの報酬の与え方については3.1節で詳しく議論します。

1.5 行動評価関数の定義とQ学習のアルゴリズム

1
2
3
4
5
6
7
8
9
10

1.4節では、行動$a(t)$における報酬$r(t)$を定義しました。強化学習では、この報酬を最大化する方策を学習していきますが、より一般的に、各時刻の行動ごとに報酬が定義される対象を踏まえて、時刻t以降のある方策に従った行動で得られる報酬の総和となる**累積報酬**

$$R(t) = r(t) + \gamma\, r(t+1) + \gamma^2\, r(t+2) + \cdots = \sum_{s=0}^{\infty} \gamma^s\, r(t+s) \qquad \text{(Eq.1-1)}$$

を定義し、この累積報酬が最大となる方策を学習することを目指します。**式（Eq.1-1）**のγは割引率と呼ばれ、未来に得られる報酬の不確実性を表すパラメータとして導入します（$0 < \gamma \leq 1$）。$\gamma = 1$の場合は未来に得られる報酬が確実であり、小さくなるほど不確実であることを意味します。なお、**式（Eq.1-1）**の累積報酬は、次の漸化式を満たします。

$$R(t) = r(t) + \gamma\, R(t+1) \qquad \text{(Eq.1-2)}$$

◆行動評価関数とQ学習

累積報酬が最大となる方策を学習するには、まず、様々な方策ごとの累積報酬の値を知っておく必要があります。しかしながら、方策は無数に考えることができ、それに対して全ての累積報酬の値を計算するのは現実的ではありません。そこで、時刻tの状態$s(t)$に対する行動$a(t)$で期待できる累積報酬$R(t)$の最高値を行動評価関数$Q(s, a)$と定義すると、**式（Eq.1-2）**から次のように表すことができます。

【定義】行動評価関数の定義

$$Q(s, a) = r(t) + \gamma \max_{a'} Q(s', a') \qquad \text{(Eq.1-3)}$$

s'とa'は、それぞれ時刻$t+1$の状態$s(t+1)$と行動$a(t+1)$を表します。また、$\max$は「引数の最大値を選択する」という記号で、s'における選択可能なa'の選択肢から$Q(s', a')$が最大となるa'を選択することを意味します。

式（Eq.1-3）が行動評価関数の定義を満たしていることは、逆の筋道をたどることで確認できます。**式（Eq.1-3）**の漸化式を逐次代入していくと、$Q(s,a)$は各時刻における報酬の最大値$r_{\max}$の総和

$$Q(s,a) = r(t) + \gamma\, r_{\max}(t+1) + \gamma^2\, r_{\max}(t+2) + \cdots = r(t) + \sum_{s=1}^{\infty} \gamma^s\, r_{\max}(t+1) \tag{Eq.1-4}$$

となり、さらに、時刻tについても報酬を最大化することで

$$\max_a Q(s,a) = \sum_{s=0}^{\infty} \gamma^s\, r_{\max}(t+1) \tag{Eq.1-5}$$

となります。つまり、$\max_a Q(s,a)$は累積報酬が最大となることを保証するわけです。

1.6 Q学習アルゴリズムの導出

未知の$Q(s,a)$を学習を進めていく過程で更新していき、**式（Eq.1-3）**を満たす$Q(s,a)$を見つけるのがQ学習です。学習i回目の行動評価関数を$Q^{(i)}(s,a)$と表します。もし、学習が完了している場合には**式（Eq.1-3）**から

$$Q^{(i)}(s,a) = r + \gamma \max_{a'} Q^{(i)}(s',a') \tag{Eq.1-6}$$

が満たされるわけですが、そうはなりません。そこで学習を進めていく過程で$Q^{(i)}(s,a)$が**式（Eq.1-6）**に収束するように、**式（Eq.1-6）**の左辺から右辺を引いた量

$$\Delta Q^{(i)}(s,a) \equiv Q^{(i)}(s,a) - \left[r + \gamma \max_{a'} Q^{(i)}(s',a')\right] \tag{Eq.1-7}$$

を定義して、次の更新式に則って行動評価関数を更新します。

$$Q^{(i+1)}(s,a) = Q^{(i)}(s,a) - \eta \Delta Q^{(i)}(s,a) \tag{Eq.1-8}$$

ηは学習率です。$\Delta Q^{(i)}(s,a) > 0$の場合には$Q^{(i)}(s,a)$を小さく、反対に$\Delta Q^{(i)}(s,a) < 0$の場合には$Q^{(i)}(s,a)$を大きくして$Q^{(i+1)}(s,a)$に代入します。つまり、**式（Eq.1-8）**を繰り返していくことで、行動評価関数が**式（Eq.1-3）**を満たすように収束していくことになります。以下に、行動評価関数の更新式と変数の意味をまとめておきます。

【アルゴリズム】行動評価関数の更新式

$$Q^{(i+1)}(s,a) = Q^{(i)}(s,a) + \eta \left[r + \gamma \max_{a'} Q^{(i)}(s',a') - Q^{(i)}(s,a) \right] \tag{Eq.1-9}$$

■表1-3　式（Eq.1-9）の変数の意味

変数	意味
s	時刻tにおける状態。$s(t)$と同値。なお、$s' = s(t+1)$を意味。
a	時刻tにおける行動。$a(t)$と同値。なお、$a' = a(t+1)$を意味。
r	時刻tの行動$a(t)$で得られた報酬。$r(t)$と同値。
$Q^{(i)}(s,a)$	状態sにおける行動aに対する行動価値関数（Q値）。上付き添字(i)は学習回数を表す。
γ	割引率（$0 < \gamma \leq 1$）
η	学習率（$0 < \gamma \leq 1$）

1.7 行動選択の方法

◆学習前半

学習時は様々な状態に対する行動の評価を行うため、**式(Eq.1-9)**を用いて行動評価関数を更新していく際に、行動をランダムに選択する必要があります。これでは「最適な行動を選択する」というQ学習の方策に反するような気がしますが、行動評価関数の**定義式(Eq.1-3)**のmax操作により「以降の累積報酬の最大値」を抜き出せるため、実際には行動の選択に依存することはありません。むしろ、行動評価関数をまんべんなく更新するには、積極的に様々な行動の選択が必須となります。

◆学習後半

行動評価関数の精度を高めるために、学習後半では行動評価関数の値を反映した行動選択が必要になります。この行動選択で代表的なものは2つです。1つ目は、ある確率ϵで行動評価関数値が最大となる行動を選択し、$1-\epsilon$の確率でランダムに選択する**Epsilon-Greedy法**。2つ目は、選択確率を$\exp[\beta Q(s,a)]$(ボルツマン因子)に比例させる**ボルツマン法**と呼ばれる方法です。ボルツマン法による選択確率は以下のとおりです。

$$p(s,a)=\frac{\exp[\beta Q(s,a)]}{\sum_{a'}\exp[\beta Q(s',a')]} \qquad \text{(Eq.1-10)}$$

分母は「選択可能な行動に対するボルツマン因子の総和」を表しています。βは0でランダム選択、数値が大きいほど行動評価関数値が最大になる行動を選択するようになります。なお、学習回数に応じてβを変更することも考えられます。

◆学習完了後

行動にランダム性が必要ない場合は、Epsilon-Greedy法の$\epsilon=1$で行動を選択します。この場合、同じ状態のときは「必ず同じ行動」を選択するため、三目並べなどのゲームでは面白みに欠けるかもしれません。

行動にランダム性をもたせたい場合は、Epsilon-Greedy法で$\epsilon<1$とするか、もしくはボルツマン法を用いる方法が考えられます。前者の場合、$1-\epsilon$で選択されるランダムな行動が、全くの的外れな行動(行動評価関数で下位)になる可能性もあるため、問題が生じるケースもありそうです。後者の場合は、行動評価関数の値を反映したボルツマン因子に比例した確率で行動が選択されるため、多くの場合で「期待どおりの動作」になると予想されます。

三目並べ全状態の列挙方法

2.1 対称性の確認

2.2 対称操作の方法

2.3 状態の定義と重複チェックの方法

2.4 対称性を考慮した全状態を列挙

2.5 勝敗決定時に終了する場合の全状態

2.1 対称性の確認

三目並べの3×3のマス目は正方形なので、**図1-5**に示すとおり、4回（90°回転）の回転対称性、4本の軸対称性（横軸、縦軸、右上斜軸、右下斜軸）と点対称があります。2次元の場合、点対称は180°回転対称と同一になるため省略します。三目並べでは、譜面を回転・反転させても実質的には「同じ譜面」となるため、同一の状態とみなします。同様に、回転した後に反転させた場合も「同じ譜面」とみなせます。

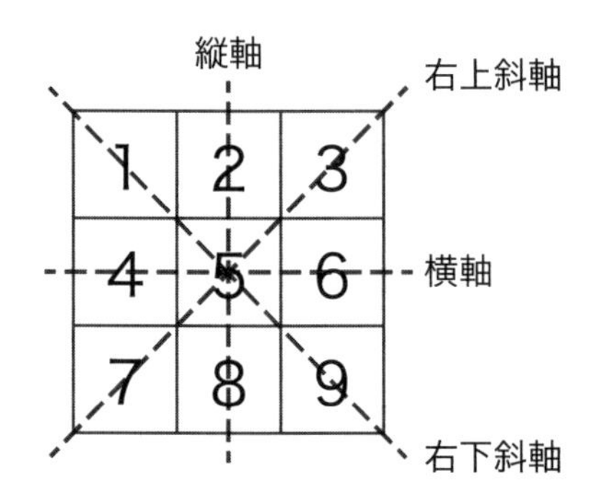

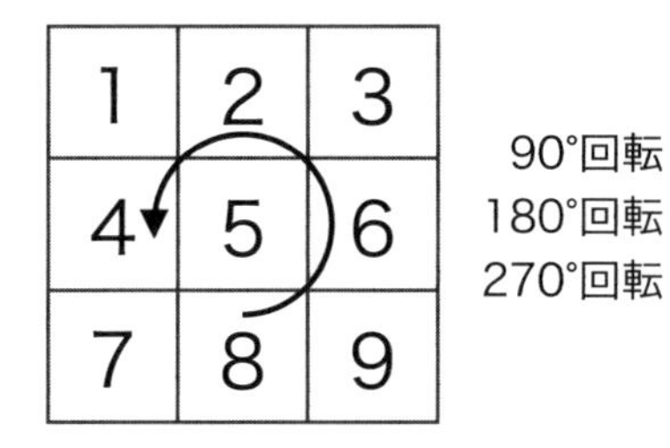

図1-5　正方形の対称性（軸対称性と回転対称性）

3×3のマス目に、左上から順番に1から9の数字を記入した図を使って説明していきます。**図1-6**は「回転→反転」、**図1-7**は「反転→回転」させた後の全状態です。「反転→回転」後の状態は「回転→反転」のどれかと必ず一致するため、考慮する必要がないことがわかります。

	0°回転			90°回転			180°回転			270°回転		
	1	2	3	3	6	9	9	8	7	7	4	1
反転なし	4	5	6	2	5	8	6	5	4	8	5	2
	7	8	9	1	4	7	3	2	1	9	6	3
	7	8	9	1	4	7	3	2	1	9	6	3
横軸対称反転	4	5	6	2	5	8	6	5	4	8	5	2
	1	2	3	3	6	9	9	8	7	7	4	1
	3	2	1	9	6	3	7	8	9	1	4	7
縦軸対称反転	6	5	4	8	5	2	4	5	6	2	5	8
	9	8	7	7	4	1	1	2	3	3	6	9
	9	6	3	7	8	9	1	4	7	3	2	1
右上斜軸対称反転	8	5	2	4	5	6	2	5	8	6	5	4
	7	4	1	1	2	3	3	6	9	9	8	7
	1	4	7	3	2	1	9	6	3	7	8	9
右下斜軸対称反転	2	5	8	6	5	4	8	5	2	4	5	6
	3	6	9	9	8	7	7	4	1	1	2	3

図1-6 「回転→反転」後の状態

	0°回転			90°回転			180°回転			270°回転		
	1	2	3	3	6	9	9	8	7	7	4	1
反転なし	4	5	6	2	5	8	6	5	4	8	5	2
	7	8	9	1	4	7	3	2	1	9	6	3
	7	8	9	9	6	3	3	2	1	1	4	7
横軸対称反転	4	5	6	8	5	2	6	5	4	2	5	8
	1	2	3	7	4	1	9	8	7	3	6	9
	3	2	1	1	4	7	7	8	9	9	6	3
縦軸対称反転	6	5	4	2	5	8	4	5	6	8	5	2
	9	8	7	3	6	9	1	2	3	7	4	1
	9	6	3	3	2	1	1	4	7	7	8	9
右上斜軸対称反転	8	5	2	6	5	4	2	5	8	4	5	6
	7	4	1	9	8	7	3	6	9	1	2	3
	1	4	7	7	8	9	9	6	3	3	2	1
右下斜軸対称反転	2	5	8	4	5	6	8	5	2	6	5	4
	3	6	9	1	2	3	7	4	1	9	8	7

図1-7　「反転→回転」後の譜面

2.2 対称操作の方法

図1-6と**図1-7**をWebブラウザに表示するためのHTML（JavaScript）を開発します。まず、3×3のマス目を次のような2次元配列で表現します。

```
let start = [
  [1, 2, 3],
  [4, 5, 6],
  [7, 8, 9]
];
```

この2次元配列を、4つの軸で対称反転するmirrorSymmetry関数、3つの回転を行うrotationSymmetry関数を準備します。両者とも、第1引数に対称操作を行う2重配列、第2引数に種類を示す整数を与えます。

▼mirrorSymmetry関数（r= 0：操作なし、1：横軸、2：縦軸、3：右上斜軸、4：右下斜軸）

```
function mirrorSymmetry(source, r ){
  let Nm = source.length - 1;
  let results = [];
  for(let i = 0; i <= Nm; i++){
    results[i] = [];
  }
  r = r || 0;
  if( r == 0 ){
    for(let i = 0; i <= Nm; i++){
      for(let j = 0; j <= Nm; j++){
        results[i][j] = source[i][j];
      }
    }
  }
  //横軸
  if( r == 1 ){
    results[0][0] = source[2][0];
    results[0][1] = source[2][1];
    results[0][2] = source[2][2];
    results[1][0] = source[1][0];
```

```
    results[1][1] = source[1][1];
    results[1][2] = source[1][2];
    results[2][0] = source[0][0];
    results[2][1] = source[0][1];
    results[2][2] = source[0][2];
  }
  if( r == 2 ){ … (省略) … }  //縦軸
  if( r == 3 ){ … (省略) … }  //右上斜軸
  if( r == 4 ){ … (省略) … }  //右下斜軸
  return results;
}
```

▼rotationSymmetry関数（r= 0：操作なし、1：90°、2：180°、3：270°）

```
function rotationSymmetry( source, r ){
      ⋮
  (省略：mirrorSymmetry関数の序盤と同じ)
      ⋮
  //90° 回転
  if( r == 1 ){
    results[0][0] = source[0][2];
    results[0][1] = source[1][2];
    results[0][2] = source[2][2];
    results[1][0] = source[0][1];
    results[1][1] = source[1][1];
    results[1][2] = source[2][1];
    results[2][0] = source[0][0];
    results[2][1] = source[1][0];
    results[2][2] = source[2][0];
  }
  if( r == 2 ) { …… (省略) …… }  //180° 回転
  if( r == 3 ) { …… (省略) …… }  //270° 回転
  return results;
}
```

上記の関数を用いて**図1-6**と**図1-7**を生成します。

▼三目並べの全状態の列挙.html

```
//「回転→反転」操作
for( let r=0; r<=3; r++ ){
  for(let m=0; m<=4; m++){
    let _start = rotationSymmetry( start, r );   //回転
    let __start = mirrorSymmetry( _start, m );  //反転
    createTable(__start,"table_rm" + r + m, "r" + r+ "m" + m); //表の生成用関数の実行
  }
}
//「反転→回転」操作
for( let r=0; r<=3; r++ ){
  for(let m=0; m<=4; m++){
    let _start = mirrorSymmetry( start, m );     //反転
    let __start = rotationSymmetry( _start, r );   //回転
    createTable(__start,"table_mr" + m + r, "m" + m + "r" + r );  //表生成用関数の実行
  }
}
```


2.3 状態の定義と重複チェックの方法

回転対称性と軸対称性を考慮すると、3×3のマス目は「実質的に同一の状態」が多数存在します。本項では、重複なく全状態を列挙するための定義について解説します。**図1-8**は、三目並べのある場面の状態を示した模式図です。この状態を次の手順で定義します。

(1) マス目上の「○」を1、「×」を2、未配置を0に置き換えます。
(2) 各マス目の数字を3進数の桁と対応づけるように、左上から順番に3^8、3^7……3^0まで桁表を準備します。
(3) マス目の数字と桁表を掛け算して足し合わせます。この値を**状態値**と呼ぶことにします。

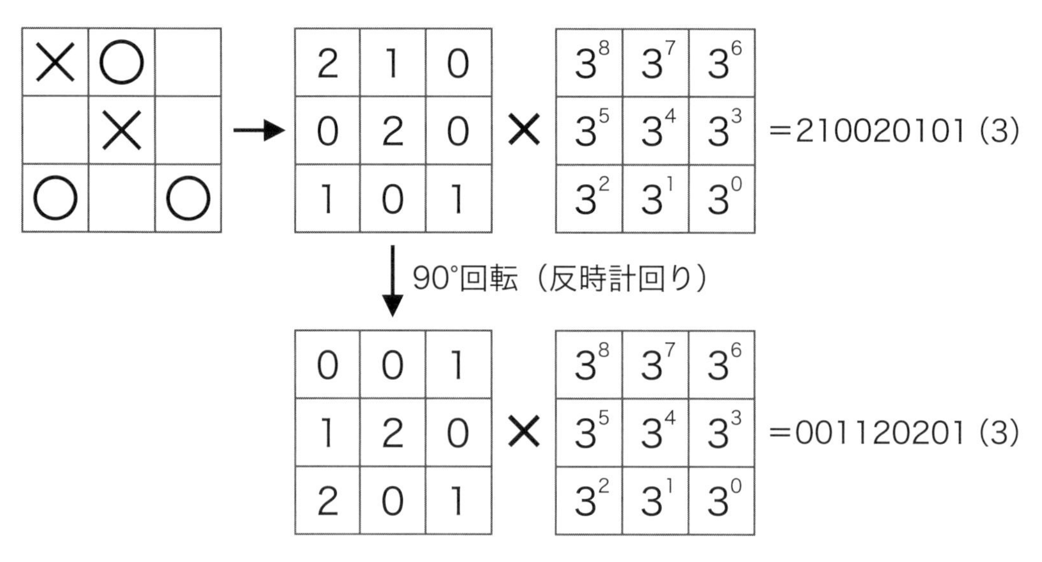

図1-8 状態の定義の模式図

上記の手順で生成した「9桁の3進数」（状態値）で状態を表現するとします。ただし、実際のプログラミングでは3進数を保持することができないため、10進数の整数に変換して保持します。そして、新しい手が登場するたびに対称操作を行い、「最も小さな状態値」をその状態と規定することで重複を防ぎます。なお、プログラムでは「桁表」と「マス目の配置」を以下に示した2次元配列で保持します。

```
let baseValue = [
  [Math.pow(3,8), Math.pow(3,7), Math.pow(3,6)],
  [Math.pow(3,5), Math.pow(3,4), Math.pow(3,3)],
  [Math.pow(3,2), Math.pow(3,1), Math.pow(3,0)]
];
let record = [
  [0, 0, 1],
  [1, 2, 0],
  [2, 0, 1]
]
```

この「桁表」と「マス目の配置」を用いて、以下の2つの関数を定義します。

- 引数で与えた「マス目の配置」に対する**状態値を計算する関数**
- 対称性を考慮した**状態値の最小値を計算する関数**

▼状態値を計算する関数：getStateValue関数

```
function getStateValue(record, baseValue){
  let v = 0;
  for( let i = 0; i < record.length; i++ ){
    for( let j = 0; j < record[ 0 ].length; j++ ){
      v += record[i][j] * baseValue[i][j];
    }
  }
  return v;
}
```

▼状態値が最小値となる対称性と状態値を計算：getMinValue関数

```
function getMinValue( record, baseValue ){
  //最小値となる状態値と対称性を保持するための変数
  let min_v = Math.pow(3,10);
  let min_r = 0;
  let min_m = 0;
  //全対称性に対して計算
  for( let r = 0; r <=3; r++  ){
    for( let m = 0; m <=4; m++  ){
      let _record = rotationSymmetry( record, r );
      let __record = mirrorSymmetry( _record, m );
      let v = getStateValue(__record, baseValue);
      //より小さい状態値であれば更新
      if ( v < min_v ){
        min_v = v;
        min_r = r;
        min_m = m;
      }
    }
```

```
  }
  return {value :min_v, rotationSymmetry : min_r, mirrorSymmetry : min_m };
}
```

2.4 対称性を考慮した全状態を列挙

2.3節で定義した関数を用いて、対称性を考慮した全状態を列挙するプログラムを示します。このプログラムを実行すると、「全マス目の配置」が格納された配列recordsと、「全状態値」が格納されたvaluesが完成します。

▼対称性を踏まえた全状態を列挙（三目並べの全状態の列挙.html）

```
//手数
let T = 9;
//全状態数
let all_move = 1;
//全マス目を格納する配列 (0:空欄、1:○、2:×)
let records = [];
//0手目
records[ 0 ] = [];
records[ 0 ][ 0 ] = [
  [0, 0, 0],
  [0, 0, 0],
  [0, 0, 0]
];
//全状態値を格納する配列
let values = [];
values[0] = [0];
//1手目からスタート
for( let t = 1; t <= T; t++ ){
  let move = 0;
  //n手目のマス目を初期化
  records[ t ] = [];
```

```
//n手目のマス目を初期化
values[ t ] = [];
//1手前の状態から次の手を指す
for( let te = 0; te < records[ t-1 ].length; te++ ){
  //打てるパターンはT-t個
  for(let k=0; k<= T-t; k++){
    //新しいマス目の配置を格納する配列を準備
    let record = [];
    //1手前の配置をコピー
    for( let i = 0; i < records[ t-1 ][ te ].length; i++){
      record[i] = [];
      for( let j = 0; j < records[ t-1 ][ te ][ 0 ].length;j++ ){
        record[i][j] = records[ t-1 ][ te ][ i ][ j ];
      }
    }
    ←———————————————————————————————— (※1)
    //未配置のマス目に手を指す
    block: {
      let kara = 0;
      for( let i = 0; i < record.length; i++ ){
        for( let j = 0; j < record[ 0 ].length; j++ ){
          if( records[ t-1 ][ te ][ i ][ j ] == 0 )  kara++;
          if( kara == k + 1) {
            if( t%2 == 1) record[i][j] = 1;   //先手
            if( t%2 == 0) record[i][j] = 2;  //後手
            break block;
          }


        }
      }
    }
    //状態値が最小値となる対称性と状態値を計算
    let minValueResult = getMinValue( record, baseValue );
    let min_v = minValueResult.value;
    let min_r = minValueResult.rotationSymmetry;
    let min_m = minValueResult.mirrorSymmetry;
    //状態値の最小値の出現が初めての場合
    if ( values[ t ].indexOf( min_v ) == -1 ){
      //状態値として追加
      values[ t ].push( min_v );
```

```
          //配置として追加
          let _record = rotationSymmetry( record, min_r );
          let __record = mirrorSymmetry( _record, min_m );
          records[ t ].push( __record );
          all_move++;
        }
      }
    }
  }
```

（※1）2.5節で、ここにプログラムを追記します

このプログラム（三目並べの全状態の列挙.html）をWebブラウザで実行すると、1手目から9手目までの全状態を列挙できます。**図1-9**は、8手目と9手目について表示した様子です。「○」あるいは「×」でラインができている場合には背景色を付けています。

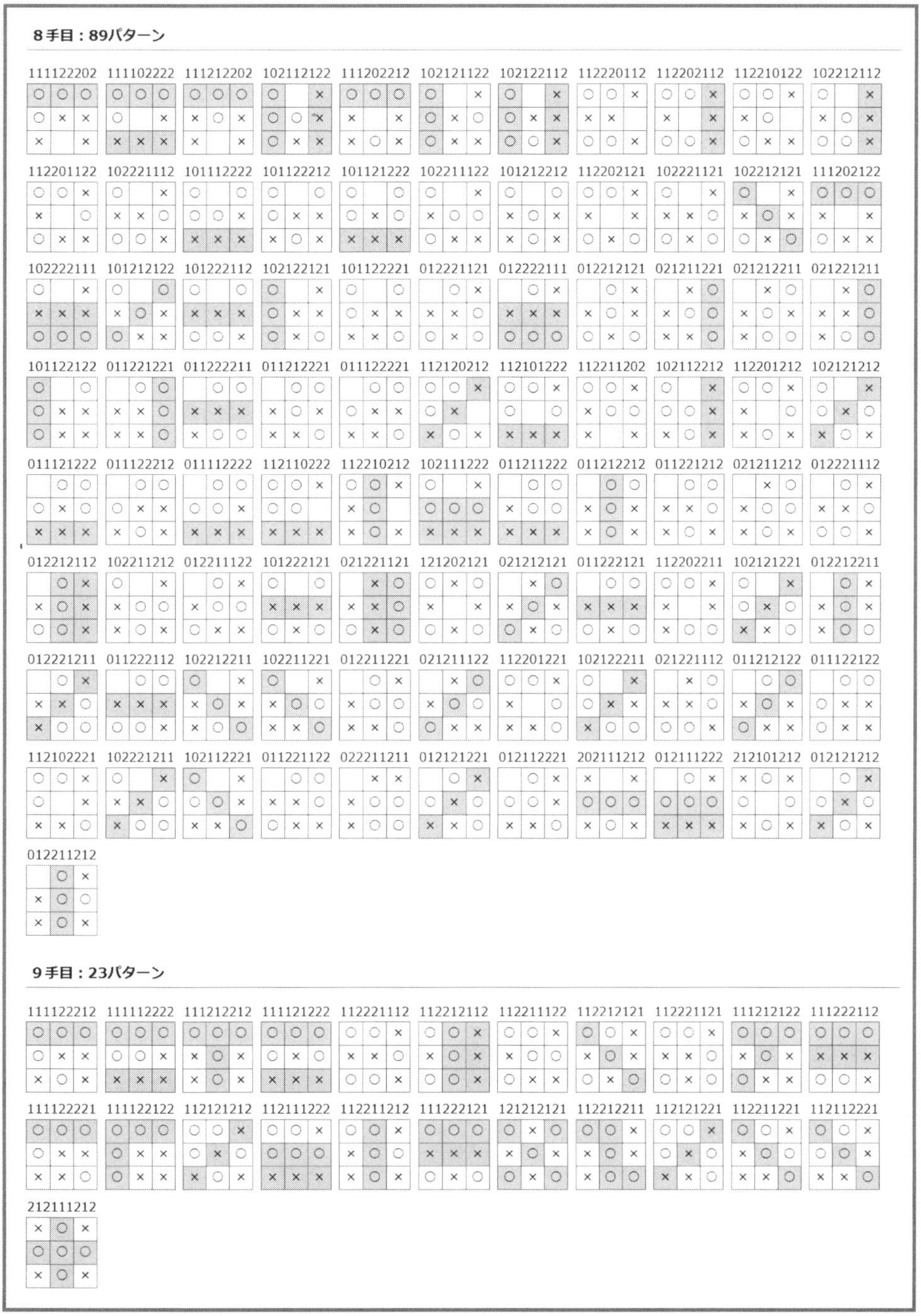

8手目：89パターン

111122202 111102222 111212202 102112122 111202212 102121122 102122112 112220112 112202112 112210122 102212112

112201122 102221112 101112222 101122212 101121222 102211122 101212212 112202121 102221121 102212121 111202122

102222111 101212122 101222112 102122121 101122221 012221121 012222111 012212121 021211221 021212211 021221211

101122122 011221221 011222211 011212221 011122221 112120212 112101222 112211202 102112212 112201212 102121212

011121222 011122212 011112222 112110222 112210212 102111222 011211222 011212212 011221212 021211212 012221112

012212112 102211212 012211122 101222121 021221121 121202121 021212121 011222121 112202211 102121221 012212211

012221211 011222112 102212211 102211221 012211221 021211122 112201221 102122211 021221112 011212122 011122122

112102221 102221211 102112221 011221122 022211211 012121221 012112221 202111212 012111222 212101212 012121212

012211212

9手目：23パターン

111122212 111112222 111212212 111121222 112221112 112212112 112211122 112212121 112221121 111212122 111222112

111122221 111122122 112121212 112111222 112211212 111222121 121212121 112212211 112121221 112211221 112112221

212111212

図1-9　8手目と9手目の全状態（重複を考慮）

1 2 3 4 5 6 7 8 9 10

◆全状態数の数え上げ

先ほど示したプログラムを実行すると、各手数における「状態数」とその「総和」が表示されます。実行結果は**表1-4**のとおりです。対称性を考慮しない場合は$3^9 = 19683$パターンですが、対称性を考慮すると850パターンになることが確認できました。つまり、対称性を考慮することで、状態数を約1/25（4%）に圧縮できたことになります。

■表1-4　対称性を考慮した場合の全状態数

手数	パターン数
0手目	1パターン
1手目	3パターン
2手目	12パターン
3手目	38パターン
4手目	108パターン
5手目	174パターン
6手目	228パターン
7手目	174パターン
9手目	89パターン
9手目	23パターン
合計	**850パターン**

2.5 勝敗決定時に終了する場合の全状態

三目並べは、先手か後手のラインが成立した時点で終了となります。前述の850パターンにはそれが考慮されていないため、実際の状態数はもっと減らせます。そこで、2.4節で示したプログラムの（※1）の部分に、ラインが成立している配置の場合は次の手をスキップするように、以下の記述を追記します。

```
//ラインのチェック
let lineResults = checkLine( record );          (※1)
//ライン数
let lineNum = 0;
for(let i = 0; i < lineResults.length; i++){
  for(let j = 0; j < lineResults[i].length; j++){
    if(lineResults[i][j] !=0 ) lineNum++;       (※2)
  }
}
if( lineNum > 0 ) continue;
```

（※1）checkLine関数は、引数で与えた配置（譜面）において「○」あるいは「×」でラインが生成されている場合に、該当箇所にそれぞれ「1」または「2」を与えた2重配列を返す関数です。

（※2）0以外の値が与えられている場合は、そのマス目がラインに寄与していることを示します。lineNumは「○」あるいは「×」で1ラインが生成されている場合は「3」、2ラインの場合には「5」となります。

この改良を施したプログラム「三目並べの全状態の列挙（勝敗決定で終了）.html」を実行し、勝敗決定時に終了する場合の全状態数を調べると、**表1-5**に示したような結果になります。状態数は765パターン、先手の勝利は91パターン、後手の勝利は44パターンとなることがわかりました。また、勝負なしは3パターン、先手の2ライン勝ちは6パターンとなります。

■表1-5　勝敗決定時に終了すること考慮した場合の全状態数

手数	パターン数	決勝パターン	備考
0手目	1パターン	0パターン	前項と同じ
1手目	3パターン	0パターン	
2手目	12パターン	0パターン	
3手目	38パターン	0パターン	
4手目	108パターン	0パターン	
5手目	174パターン	21パターン	先手勝ち
6手目	204パターン	21パターン	後手勝ち
7手目	153パターン	58パターン	先手勝ち
8手目	57パターン	23パターン	後手勝ち
9手目	15パターン	12パターン	先手勝ち
合計	**765パターン**	**135パターン**	

三目並べの強化学習

3.1　三目並べにおける行動評価関数の更新方法
3.2　三目並べ強化学習の環境を表現する Environment クラス
3.3　三目並べ強化学習のエージェントを表現する Agent クラス

3.1 三目並べにおける行動評価関数の更新方法

強化学習の肝となる「行動評価関数の更新方法」は**式**（**Eq.1-9**）に示したとおりですが、三目並べのように途中の段階では報酬を決定できない（最終的な勝敗がわかるまで報酬を決定できない）課題に対しては、**式**（**Eq.1-9**）だけでは問題があります。

報酬を**表1-2**のように定義しても、**式**（**Eq.1-9**）だけで行動評価関数の更新を行うと、先手も後手も序盤の行動評価関数の値は全て「1」に収束してしまいます。なぜならば、**式**（**Eq.1-9**）の「次の手のなかで最も報酬が高いもの」を抜き出す操作 $\max_{a'} Q^{(i)}(s', a')$ は、負けによる「負の報酬」が1手前に全く反映されていないからです。つまり、**式**（**Eq.1-9**）は「一番都合の良い結果」だけを元に行動評価関数を更新していく表式になります。

もう少し具体的に言及すると、先手の第1手目は対称性を考慮すると**図1-3**に示した3パターンがあります。ただし、どの手も勝利の可能性があるため、**式**（**Eq.1-9**）を用いて学習を完了した後は、行動評価関数の値は3パターンともほぼ「1」になってしまいます。学習の意図としては、行動評価関数の値は「最も勝ちやすい手」ほど大きくなって欲しいところです。

これを改善するには、時刻 T で負けが確定した段階で、それより前の時刻 t の報酬 $r(t)$ を過去に遡って

$$r(t) = -r_{\rm lose}\,\gamma^{T-t} \qquad \text{(Eq.1-11)}$$

と修正する必要があります。この式にある $-r_{\rm lose}$ は負け時の報酬、γ は割引率です。**図1-10**は「後手が7手目に負けた場合」の報酬の見直しを解説した図です。

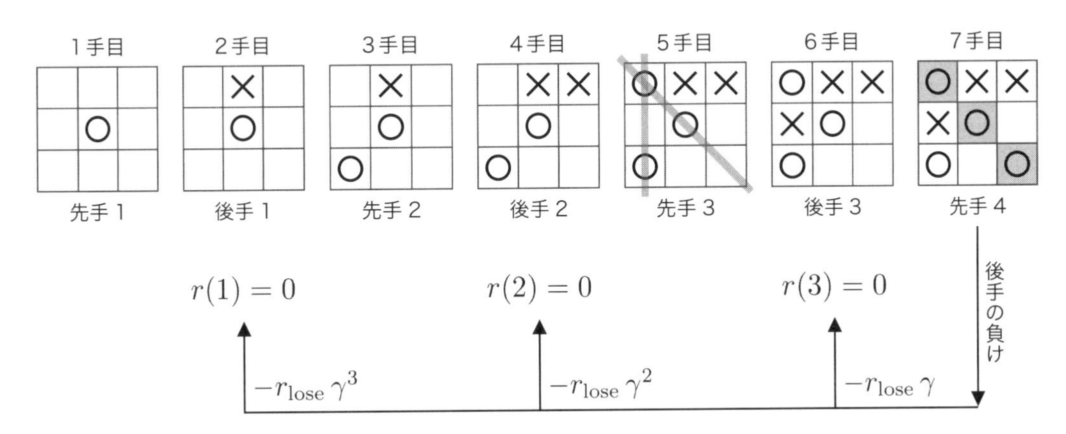

図1-10　後手が7手目に負けた場合の報酬の見直しの模式図

後手をエージェントプレーヤーとします。6手目（後手3手目）の時点では勝敗が決していないため、後手の1手目から3手目までの報酬は「0」です。次の7手目（先手4手目）で後手の負けが確定しますが、後手3手目を打つ時点ですでに「先手の2ラインリーチ」が掛かっているため、実質的に負けが確定しています。よって、後手2手目が悪手ということになります。さらには、ど真ん中の先手1手目に対する後手1手目は、よく考えてみると非常に悪手であることもわかります。つまり、後手の過去に遡った手についての報酬を**式（Eq.1-10）**に従って下方修正する必要があるわけです。

一方、行動評価関数は時刻$t=1$から勝負が決まる$t=T$まで**式（Eq.1-9）**に従って更新していく必要があるため、勝負が決定した段階で行動評価関数に対する報酬の下方修正分を次のとおりに反映させます。

$$Q^{(i+1)}(s,a) \leftarrow Q^{(i+1)}(s,a) - \eta\, r_{\mathrm{lose}}\,\gamma^{T-t} \qquad \text{(Eq.1-12)}$$

3.2 三目並べ強化学習の環境を表現するEnvironmentクラス

3.1節を踏まえて、先手と後手の両方を学習対象とした三目並べの強化学習を行います。必要なクラス構成は、環境を表現するEnvironmentクラスと、プレイヤーとなるエージェントを表すAgentクラスです。本項ではEnvironmentクラスのメンバについて列挙していきますが、環境として必要な実装は第2章で解説した内容でほとんど済んでいます。足りないのは強化学習の実装のみです。

3.2.1 Environmentクラスのメンバ変数とメンバ関数

JavaScriptでは、メンバ変数はプロパティ、メンバ関数はメソッドと呼ばれます。以下に、Environmentクラスのメンバ変数とメンバ関数をすべて列挙します。プログラムソースは「三目並べの強化学習.html」を参照してください。

■表1-6　Environmentクラスのメンバ変数（プロパティ）

プロパティ	説明
sente	先手プレイヤーを保持する変数（Agentクラス）
gote	後手プレイヤーを保持する変数（Agentクラス）
records	全状態の配置を格納する配列（2.3節のrecordsに対応）
values	全状態値を格納する配列（2.3節のvaluesに対応）
baseValue	桁表（2.3節のbaseValueに対応）
T	最大手数（9）

■表1-7　Environmentクラスのメンバ関数（メソッド）

関数	説明
init()	全状態に対する配置records、状態値valuesの準備、ならびにエージェントのプロパティの初期化を行う。 ※2.4節を参照
checkLine (record)	引数に与えた配置（譜面）で「○」あるいは「×」でラインが成立している場合に、該当箇所にそれぞれ「1」と「-1」を与えた2重配列を返す。
mirrorSymmetry (source, r)	sourceに対してrで指定した軸対称反転操作を実行して返す（r=0：操作なし、1：横軸、2：縦軸、3：右上斜軸、4：右下斜軸）。　※2.2節を参照
rotationSymmetry (source, r)	sourceに対してrで指定した回転操作を実行して返す（r=0：操作なし、1：90°、2：180°、3：270°）。 ※2.2節を参照
getStateValue (source)	sourceに対する状態値を計算して返す。 ※2.3節を参照
getMinValue (source)	sourceに対して状態値が最小値となる対称操作と状態値を計算して返す。　※2.3節を参照
createTable(record, id, parentID, cap, marubatuflag, checkLineflag)	recordで指定した配置を表（table要素）としてWebブラウザのウィンドウ領域に表示する。idは追加するtable要素のid、parentIDはtable要素を配置する親要素のid属性値、capはcaption要素に与える文字列、marubatuflagは状態を数字ではなく「○」「×」で表すフラグ、checkLineflagはライン成立時に背景色を描画するかを指定するフラグ。recordは必須、その他は未指定でも可。
learn(N, parentID)	強化学習をN回実行する。配置を表示する場合は、parentIDに「table要素を配置する親要素のid属性値」を与える。戻り値は、先手の勝利数（win）／敗北数（lose）／勝負無し（draw）の回数をプロパティとしたオブジェクト{win:win, lose:lose, draw:draw}。　※3.2.3項を参照
checkResult(N, parentID)	学習後の行動評価関数を用いて学習成果をN回確認する。配置を表示する場合は、parentIDに「table要素を配置する親要素のid属性値」を与える。

3.2.2 Environmentクラスのコンストラクタ

Environmentクラスのインスタンス生成時に呼び出されるコンストラクタでは、環境に必要なプロパティを準備します。

▼Environmentクラスのコンストラクタ

```
constructor(){ ────────────────────────── (※1)
  //プレイヤーを表すプロパティ
  this.sente = new Agent(this); //先手 ┐
  this.gote = new Agent(this); //後手  ┘──── 3.3節(※2)
  //全状態の配置を格納する配列 (0:空欄、1:○、2:×)
  this.records = [];
  //0手目
  this.records[ 0 ] = [];
  this.records[ 0 ][ 0 ] = [
    [0, 0, 0],
    [0, 0, 0],
    [0, 0, 0]
  ];
  //全状態値を格納する配列
  this.values = [];
  this.values[0] = [0];
  //桁表
  this.baseValue = [
    [Math.pow(3,8), Math.pow(3,7), Math.pow(3,6)],
    [Math.pow(3,5), Math.pow(3,4), Math.pow(3,3)],
    [Math.pow(3,2), Math.pow(3,1), Math.pow(3,0)]
  ];
  //手数
  this.T = 9; ─────────────────────────── (※3-1)
  //初期化関数の実行
  this.init(); ────────────────────────── (※3-2)
}
```

(※1) JavaScriptにおけるクラスのインスタンス生成時に、はじめに必ず呼び出される関数(コンストラクタ)です。

(※2) senteとgoteのメンバ変数に、それぞれ先手用/後手用のエージェントを与えます。

（※3）JavaScriptにおける「this」は、該当クラスで生成されたインスタンスそのものを指し、「this.△△△」でメンバ変数（プロパティ）やメンバ関数（メソッド）を表します。

3.2.3 Environmentクラスのlearn関数

Environmentクラスのlearn関数は、強化学習の実装部分です。第1引数に学習回数（必須）、第2引数に「3×3のマス目のtable要素」を配置する「親要素のid属性値」を与えます（必要があれば）。

▼learn関数

```
learn ( N, parentID ){
  let win = 0;
  let lose = 0;
  let draw = 0;
  //各学習ごとに実行
  for(let n=1; n<=N; n++){
    //初期配置
    let record = [
      [ 0, 0, 0 ],
      [ 0, 0, 0 ],
      [ 0, 0, 0 ]
    ];
    //過去の手番号配列                                        (※1)
    let te_nums = [0]; ──────────────────────────────┘
    for( let t = 1; t <= this.T; t++ ){ ──────────────── (※2)
      //次の手を選択
      let nextMove;
      if(t%2==1) nextMove = this.sente.selectNextMove(t, record); ┐
      else nextMove = this.gote.selectNextMove(t, record);        ┘── (※3)
      //マス目の配置を更新
      if(t%2==1) record[nextMove.i][nextMove.j] = 1;
      if(t%2==0) record[nextMove.i][nextMove.j] = 2;
      //状態値が最小値となる対称性と状態値を計算
      let minValueResult = this.getMinValue( record );
      let min_v = minValueResult.value;
```

```
        //手番号
        let te_num = this.values[t].indexOf(min_v);
        if( te_num == -1 ) console.log("エラー1", t, min_v );
        //過去の手番号配列に格納
        te_nums.push(te_num);
        //表の生成
        if( parentID ) this.createTable(record, null, parentID, null, true, true);
        //ラインのチェック
        let lineResults = this.checkLine( record );
        //ライン数
        let lineNum = 0;
        for(let i = 0; i < lineResults.length; i++){
          for(let j = 0; j < lineResults[i].length; j++){
            if(lineResults[i][j] !=0 ) lineNum++;
          }
        }
        //報酬の設定
        let r = (lineNum>0)? 1 : 0;                                    (※4)
        //行動評価関数の更新
        if( t%2 == 1 ) this.sente.updateQfunction( t, te_num, r );  ┐
        else this.gote.updateQfunction( t, te_num, r );             ┘ (※5)
        //勝敗が決定した場合の処理
        if( lineNum > 0 ) {
          if(t%2==1) {
            win++;
            this.gote.givePenalty(t, te_nums);                         (※6-1)
          } else {
            lose++;
            this.sente.givePenalty(t, te_nums);                        (※6-2)
          }
          break;
        }
        //最後まで勝敗が決まらなければ
        if( t==9 ) draw++;
      }
    }
    return {win:win, lose:lose, draw:draw};                            (※7)
  }
```

（※1）過去に遡って報酬を下方修正するために、選択した手の番号（te_num）を格納する配列です。
（※2）1手目から9手目までを変数tで表します。
（※3）tが奇数の場合は先手、tが偶数の場合は後手となります。それぞれの次の手をエージェントに問い合わせています。
（※4）ラインが成立している場合に報酬「1」を与えます。
（※5）勝敗の決定に関わらず、エージェントへ行動評価関数の更新を指示します。
（※6）勝敗が決定した場合は、負けた方のエージェントへ報酬の下方修正を指示します。
（※7）指定した回数の学習が完了したら、先手の「勝数・敗数・分け数」をオブジェクトとして返します。

3.2.4 Environmentクラスのcheckline関数

Environmentクラスのcheckline関数は、第1引数で与えた状態recordで「○」あるいは「×」のラインが生成している場合に、該当箇所にそれぞれ「1」と「2」を与えた2重配列を返す関数です。

▼checkLine関数

```
checkLine ( record ){
  let results = [];
  for(let i = 0; i < record.length; i++){
    results[i] = [];
    for(let j = 0; j < record[i].length; j++){
      results[i][j] = 0;                                    (※1)
    }
  }
  //横列
  for( let i = 0; i<record.length; i++ ){
    if( record[i][0] * record[i][1] * record[i][2] == 1 ) {  (※2)
      for( let j = 0; j < record[0].length; j++ ) results[i][j] = 1;
    }
    if( record[i][0] * record[i][1] * record[i][2] == 8 ){   (※3)
      for( let j = 0; j < record[0].length; j++ ) results[i][j] = 2;
```

```
      }
    }
     ⋮
  (省略：縦列)
  (省略：右上斜め)
  (省略：右下斜め)
     ⋮
    return results;
}
```

（※1）戻り値用の2重配列を用意します。初期値は全て0です。

（※2）横一列のマス目の値の積が1の場合、そのマス目は全て1（○）であるため、戻り値用の2重配列に1を与えます。

（※3）横一列のマス目の値の積が8の場合、そのマス目は全て2（×）であるため、戻り値用の2重配列に2を与えます。

3.3 三目並べ強化学習のエージェントを表現するAgentクラス

第1章で解説した「エージェントを表現するAgentクラス」のメンバを列挙します。メンバのほとんどは、行動評価関数の更新と行動選択に関するものとなります。プログラムソースは「三目並べの強化学習.html」です。

3.3.1 Agentクラスのメンバ変数とメンバ関数

■表1-8 Agentクラスのメンバ変数（プロパティ）

プロパティ名	説明
environment	エージェントが所属する環境を保持する変数（Environmentクラス）
Qfunction	強化学習の行動評価関数を保持する2重配列
eta	強化学習の学習率
gamma	強化学習の割引率
losePenalty	負け時のペナルティ
selectMethod	行動選択方法（0：ランダム、1：Epsilon-Greedy法、2：ボルツマン法）。
epsilon	最適選択の選択率（貪欲性）。$0 \leq \epsilon \leq 1$で指定。
beta	ボルツマン因子の指数（ボルツマン法）。$-100 \leq \beta \leq 100$で指定。βの数値が大きくなるほど「行動評価関数が大きい行動」を選択する確率が上がる（正の値の場合）。逆に、βの数値が小さくなるほど「行動評価関数が小さい行動」を選択する確率が上がる（負の値の場合）。$\beta = 0$でランダムに行動を選択。

■表1-9　Agentクラスのメンバ変数（メソッド）

関数	説明
selectNextMove (t, record)	現在の時刻t、状態recordに対して「次の手」を選択し、行列番号(i,j)返す。
selectNextMoveUseEpsilon(t, record)	現在の時刻t、状態recordに対してEpsilon-Greedy法を用いて「次の手」を選択し、行列番号(i,j)返す。
selectNextMoveUseBoltzman(t, record)	現在の時刻t、状態recordに対してボルツマン法を用いて「次の手」を選択し、行列番号(i,j)を返す。
updateQfunction(t, te_num, r)	時刻tの手番号te_numに対応する「行動評価関数の値」を更新する。Rは報酬$r(t)$。戻り値なし。
givePenalty(T , te_nums)	勝負が決定した時刻Tより前の手te_numsに対応するの行動評価関数にペナルティを課す。戻り値なし。

▼Agentクラスのコンストラクタ

```
constructor( environment ){                    (※1-1)
  //環境を保持
  this.environment = environment;              (※1-2)
  //行動評価関数
  this.Qfunction = [];                         (※2)
  this.Qfunction[ 0 ] = [ 0 ];
  //学習率
  this.eta = 0.1;
  //割引率
  this.gamma = 1.0;
  //負け時のペナルティ
  this.losePenalty = -2;                       (※3)
  //行動選択の方法 (0:ランダム、1:Epsilon-Greedy法、2:ボルツマン法)
  this.selectMethod = 0;
  //貪欲性 (Epsilon-Greedy法)
  this.epsilon = 0.5;
```

```
  //ボルツマン因子の指数（ボルツマン法）
  this.beta = 1.0;
}
```

（※1）コンストラクタの引数には、エージェント自身が所属する環境を表すEnvironmentクラスのインスタンスを与え、environment変数に与えます。
（※2）行動評価関数は、1つ目の配列インデックスが手数、2つ目の配列インデックスが手番号を表す2重配列とします。
（※3）式（Eq.1-10）のr_{lose}に対応します。

1
2
3
4
5
6
7
8
9
10

3.3.2 Agentクラスのselect NextMove関数

Agentクラスのselect NextMove関数は、指定した行動の選択方法（selectMethod=0：ランダム、selectMethod=1：Epsilon-Greedy法、selectMethod=2：ボルツマン法）を用いて「次の手」を選択する関数です。第1引数に時刻、第2引数に状態（譜面）を渡し、「次の手」を表す行列番号をオブジェクト形式で返します。行動の選択方法については1.7節を参照してください。

▼selectNextMove関数

```
selectNextMove ( t, record ){
  let te_num;
  let _i;
  let _j;
  let selectRandom = false;                                    （※1）
  //ランダム選択以外
  if( this.selectMethod > 0){                                  （※2）
    //場合によってはランダムで選択
    if( this.selectMethod == 2 || (this.selectMethod == 1 && this.epsilon > Math.random()) ){
      //Epsilon-Greedy法を用いて次の手を選択
      let result = this.selectNextMoveUseEpsilon( t, record );  3.3.3項
      _i = result.i;
      _j = result.j;
```

```
      if( this.selectMethod == 2 ){                                          (※3)
        //ボルツマン法を用いて次の手を選択
        let result = this.selectNextMoveUseBoltzman( t, record );          3.3.4項
        _i = result.i;
        _j = result.j;
      }
    }else{
      selectRandom = true;
    }
  } else {
    selectRandom = true;
  }
  //ランダム選択を実行
  if(selectRandom){
    //次の手を乱数で決定（左上からの通し番号）
    let te = parseInt( (10 - t)*Math.random() );
    block: {                                                                (※4-1)
      let kara=0;
      for( let i = 0; i < record.length; i++ ){
        for( let j = 0; j < record.length; j++ ){
          if( record[ i ][ j ] == 0 ) kara++;
          if( kara == te+1) {
            _i = i;
            _j = j;
            break block;                                                    (※4-2)
          }
        }
      }
    }
  }
  return { i:_i, j:_j};
}
```

（※1）ランダム選択（selectMethod=0）以外の場合でも次の手をランダムで選択する可能性があるため、ランダム選択を行うか示すフラグを用意します。

（※2）Epsilon-Greedy法（selectMethod=1）の場合、取得した乱数よりもepsilonが小さい場合は次の手をランダムで選択させます。

（※3）Epsilon-Greedy法とボルツマン法を条件分岐で完全に分けない理由は、ボルツマン法の前半の処理がほとんどEpsilon-Greedy法と一致するためです。Epsilon-Greedy法の計算結果を踏まえてボルツマン法の計算を行います。

（※4）JavaScriptにて2重以上のループをブレイクするための構文です。break文の直後にブレイクするスコープを指定するラベルを付けます。

3.3.3 Agentクラスの selectNextMoveUseEpsilon関数

Agentクラスの selectNextMoveUseEpsilon関数は、Epsilon-Greedy法（1.7節）を用いて「次の手」を選択する関数です。第1引数に時刻、第2引数に状態（譜面）を渡し、「次の手」を表す行列番号をオブジェクト形式で返します。

▼selectNextMoveUseEpsilon関数

```
selectNextMoveUseEpsilon( t, record ){
  let maxR = -10000;
  let _i, _j;
  this._boltzmanFactors = [];
  //次の手の中で最もQ値が高い手を探索
  for( let i = 0; i < record.length; i++ ){
    for( let j = 0; j < record.length; j++ ){
      if( record[ i ][ j ] == 0 ){
        if(t%2==1) record[i][j] = 1;
        if(t%2==0) record[i][j] = 2;
        //状態値が最小値となる対称性と状態値を計算
        let minValueResult = this.environment.getMinValue( record );
        let min_v = minValueResult.value;
        //元に戻す
        record[ i ][ j ] = 0;
        //手番号を取得
        let te_num = this.environment.values[t].indexOf( min_v ); ———— (※1)
        //行動評価関数の値を取得する
        let Q = this.Qfunction[ t ][ te_num ];
        this._boltzmanFactors.push({ i:i, j:j, Q:Q }); ———— (※2)
```

```
        if( Q > maxR ) {
          maxR = Q;
          _i = i;  ┐
          _j = j;  ┘────────────────────── (※3-1)
        }
      }
    }
  }
  return {i:_i, j:_j}; ──────────────── (※3-2)
}
```

(※1) 状態値（2.4節）に対応する配列要素番号を検索します。この要素番号は対応する行動評価関数の要素番号と一致します。

(※2) ボルツマン法にてボルツマン因子の計算に利用する値を格納する内部変数（配列）です。

(※3) Qが最大となる行列番号（i, j）を関数の戻り値とします。

3.3.4 AgentクラスのselectNextMoveUseBoltzman関数

Agentクラスの selectNextMoveUseBoltzman関数は、ボルツマン法（1.7節）を用いて「次の手」を選択する関数です。第1引数に時刻、第2引数に状態（譜面）を渡し、「次の手」を表す行列番号をオブジェクト形式で返します。

▼selectNextMoveUseBoltzman関数

```
selectNextMoveUseBoltzman( t, record ){
  let _i, _j;
  //状態和（規格化因子）
  let state_sum = 0;
  for(let m = 0; m < this._boltzmanFactors.length; m++){
    state_sum += Math.exp( this.beta * this._boltzmanFactors[m].Q ); ──── (※1)
  }
  let random = Math.random();  ┐
  let int_probability = 0;     ┘────────────────── (※2-1)
```

```
  for(let m = 0; m < this._boltzmanFactors.length; m++){
    int_probability += Math.exp( this.beta * this._boltzmanFactors[m].Q ) / state_sum;
    if( random < int_probability){ ──────────── (※2-2)
      _i = this._boltzmanFactors[m].i;
      _j = this._boltzmanFactors[m].j;
      break;
    }
  }
  return {i:_i, j:_j };
}
```

（※1）3.3.3項の（※2）で計算したthis._boltzmanFactors[m].Qを用いて**式（Eq.1-10）**の分母を計算します。

（※2）確率が設定された複数の選択肢からランダムに選択する方法は次のとおりです。まず、それぞれの選択肢を選択する確率を「線分の長さ」として一直線上に並べます。すると、0～1の直線上を「各選択肢の線分」が分け合う形になります。次に、0～1の乱数を「直線上の1点を指す針」の役割とすると、確率どおりの選択が行なえます。具体的な手順は次のとおりです。

① 乱数値（0～1）を取得する。

②「1つ目の選択肢の確率」が乱数値を超えていたら、「1つ目の選択肢」を選択する。超えない場合は次へ。

③「2つ目の選択肢の確率」を「1つ目の選択肢の確率」に加え、この値が乱数値を超えていたら、「2つ目の選択肢」を選択する。超えない場合は、同様の手順を繰り返す。

3.3.5 AgentクラスのupdateQfunction関数

AgentクラスのupdateQfunction関数は、時刻t（第1引数）と手番号te_num（第2引数）に対応する「行動評価関数の値」を**式（Eq.1-7）**、**式（Eq.1-8）**に基づいて更新する関数です。第3引数は時刻tにおける報酬$r(t)$です。戻り値はありません。

▼updateQfunction関数

```
updateQfunction( t, te_num, r ){
  let maxR = -1000;
  if( t >= 8 || r > 0) maxR = 0;                                    (※1)
  else{
    for(let i = 0; i < this.Qfunction[ t + 2 ].length; i++){         式(Eq.1-7)のmax操作
      if(this.Qfunction[ t + 2 ][ i ] > maxR ) maxR = this.Qfunction[ t + 2 ][ i ];
    }
  }
  let dQ = this.Qfunction[ t ][ te_num ] - ( r + this.gamma * maxR );   式(Eq.1-7)
  this.Qfunction[ t ][ te_num ] = this.Qfunction[ t ][ te_num ] - this.eta * dQ;
}                                                                    式(Eq.1-8)
```

(※1) 先手5手目（全体9手目）、後手4手目（全体の8手目）は最後の行動になるため、次時刻の行動評価関数は存在しません。そのため、**式(Eq.1-7)**のmax操作では0を与えます。

3.3.6 AgentクラスのgivePenalty関数

Agentクラスのgivepenalty関数は、3.1節で詳しく解説した「報酬の下方修正」による行動評価関数の見直しを実行する関数です。で指定した時刻Tより「前の手」（第2引数）に対して、**式(Eq.1-12)**に基づいて計算を行います。

▼givePenalty関数

```
givePenalty( T , te_nums ){
  let m = 1;                                                         式(Eq.1-12)
  for( let t = T - 1 ; t >= 1; t -= 2  ){
    this.Qfunction[ t ][ te_nums[t] ] += this.losePenalty * this.eta * Math.pow(this.gamma, m);
    m++;
  }
}
```

強化学習成果のパラメータ依存性

4.1　強化学習の実行方法

4.2　学習成果の検証方法

4.3　ランダム法の成果

4.4　Epsilon-Greedy 法を用いた学習

4.5　Epsilon-Greedy 法の ε 依存性

4.6　ボルツマン法を用いた学習

4.7　ボルツマン法の β 依存性

4.8　学習回数ごとにパラメータを変化させる学習法

4.9　ペナルティ値の依存性

4.10　割引率依存性

4.11　最適パラメータによる学習成果

4.12　コンピュータ対戦型三目並べゲーム

4.1 強化学習の実行方法

第3章で開発したEnvironmentクラスとAgentクラスを用いて、三目並べの強化学習の方法を解説します。次のプログラムは、行動選択方法をランダムにして10,000回の学習を行い、その「勝数・敗数・分け数」をコンソールに表示するものです。10回分の「実際の手」も表示します。

▼サンプルプログラム(三目並べの強化学習.html)

```
////////////////////////////////////////////////////////////////////////
// windowイベントの定義
////////////////////////////////////////////////////////////////////////
window.addEventListener("load", function () {                          (※1)
  //環境インスタンスの生成
  let environment = new Environment();
  //学習回数
  let N = 10000;
  //先手エージェントのパラメータ
  environment.sente.selectMethod = 0;                                   (※2-1)
  environment.sente.gamma = 1.0;                                        (※3-1)
  //後手エージェントのパラメータ
  environment.gote.selectMethod = 0;                                    (※2-2)
  environment.gote.gamma = 1.0;                                         (※3-2)
  //N回学習
  let result1 = environment.learn( N, null );                           3.2.3項(※4)
  console.log("完全ランダム", result1.win, result1.lose, result1.draw,
             result1.win+result1.lose+result1.draw);                    (※5)
  //状況を確認
  environment.checkResult( 10, "record" );                              (※6)
});
```

(※1) JavaScriptを「HTMLファイル全文の読み込み完了後」に実行させる関数を指定する構文です。上記では無名関数を定義して実行させています。

(※2) 先手、後手とも行動の選択をランダムにするため、selectMethodに0を与えます。

(※3) 今回は割引率を1.0としています。

(※4) Environmentクラスのlearn関数で学習を行います。戻り値は「勝数・敗数・分け数」を格納したオブジェクトです。

(※5) Webブラウザのコンソール領域に結果を出力します(**図1-11**の下部)

(※6) Webブラウザに10回分の「実際の手」を出力します(**図1-11**の上部)

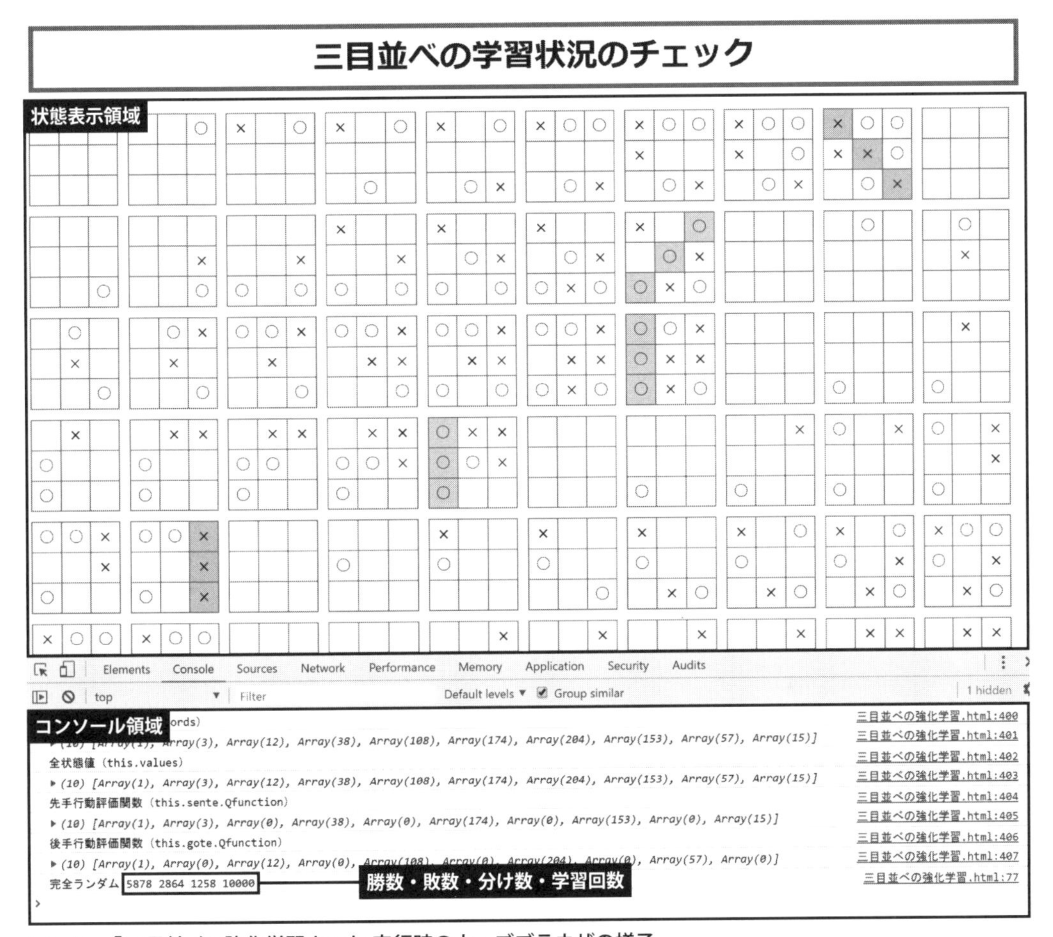

図1-11 「三目並べの強化学習.html」実行時のウェブブラウザの様子

図1-11は、サンプルプログラム「三目並べの強化学習.html」をGoogle Chromeで実行した結果です。コンソール領域は[F12]キーを押すか、もしくは右クリックメニューから「検証」を選択すると表示されます。

先手、後手ともランダムの場合、結果は実行するごとに変化します。**図1-11**に示した例の場合、その「勝数・敗数・分け数」は「5878：2864：1258」であることがわかります。また、手がランダムに選択されている様子も伺えます。

なお、第3章では解説していませんが、Environmentクラスの初期化を行うinit関数には、

```
console.log("全状態配置 (this.records) ");
console.log(this.records);
console.log("全状態値 (this.values) ");
console.log(this.values);
console.log("先手行動評価関数 (this.sente.Qfunction) ");
console.log(this.sente.Qfunction);
console.log("後手行動評価関数 (this.gote.Qfunction) ");
console.log(this.gote.Qfunction);
```

という形で、「学習状況を調べるための各種配列」をコンソールに出力する記述があります。コンソールに出力された配列（オブジェクト）は、出力時ではなく現時点（コンソール閲覧時）の値を確認できるため、学習終了後の行動評価関数などをチェックできます。コンソール内の「▼」をクリックすると配列要素が表示されます。その様子を**図1-12**に示します。

先手1手目は、対称性を考慮すると状態は3つ（状態値：1、3、81）です。それぞれの行動評価関数の値は、おおよそ0.53、0.3、0.36となっています。つまり、状態値1（四隅への手）の「行動評価関数の値」が最も大きいことを意味しています。サンプルプログラムを何度も実行して確認するとわかりますが、勝敗数はほとんど変化しないのに対して、行動評価関数の値はかなりばらつきます。これは状況によってその後の学習に影響が生じる可能性を示しています。

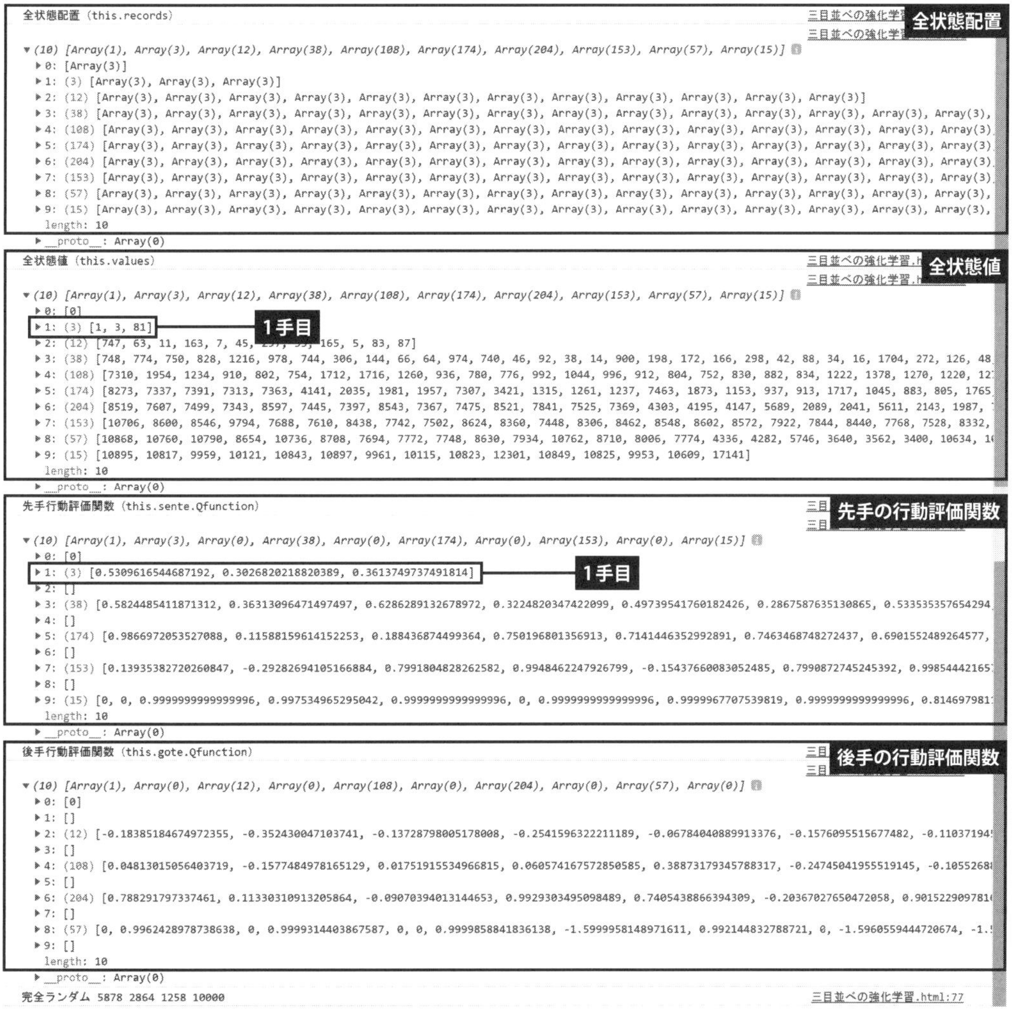

```
全状態配置 (this.records)
▼(10) [Array(1), Array(3), Array(12), Array(38), Array(108), Array(174), Array(204), Array(153), Array(57), Array(15)]
  ▶0: [Array(3)]
  ▶1: (3) [Array(3), Array(3), Array(3)]
  ▶2: (12) [Array(3), Array(3), Array(3), Array(3), Array(3), Array(3), Array(3), Array(3), Array(3), Array(3), Array(3), Array(3)]
  ▶3: (38) [Array(3), Array(3), Array(3), Array(3), Array(3), Array(3), Array(3), Array(3), Array(3), Array(3), Array(3), Array(3), Array(3), Array(3),
  ▶4: (108) [Array(3), Array(3), Array(3), Array(3), Array(3), Array(3), Array(3), Array(3), Array(3), Array(3), Array(3), Array(3), Array(3), Array(3)
  ▶5: (174) [Array(3), Array(3), Array(3), Array(3), Array(3), Array(3), Array(3), Array(3), Array(3), Array(3), Array(3), Array(3), Array(3), Array(3)
  ▶6: (204) [Array(3), Array(3), Array(3), Array(3), Array(3), Array(3), Array(3), Array(3), Array(3), Array(3), Array(3), Array(3), Array(3), Array(3)
  ▶7: (153) [Array(3), Array(3), Array(3), Array(3), Array(3), Array(3), Array(3), Array(3), Array(3), Array(3), Array(3), Array(3), Array(3), Array(3)
  ▶8: (57) [Array(3), Array(3), Array(3), Array(3), Array(3), Array(3), Array(3), Array(3), Array(3), Array(3), Array(3), Array(3), Array(3), Array(3),
  ▶9: (15) [Array(3), Array(3), Array(3), Array(3), Array(3), Array(3), Array(3), Array(3), Array(3), Array(3), Array(3), Array(3), Array(3), Array(3),
   length: 10
  ▶__proto__: Array(0)
全状態値 (this.values)
▼(10) [Array(1), Array(3), Array(12), Array(38), Array(108), Array(174), Array(204), Array(153), Array(57), Array(15)]
  ▶0: [0]
  ▶1: (3) [1, 3, 81]
  ▶2: (12) [747, 63, 11, 163, 7, 45, [illegible], [illegible], 165, 5, 83, 87]
  ▶3: (38) [748, 774, 750, 828, 1216, 978, 744, 306, 144, 66, 64, 974, 740, 46, 92, 38, 14, 900, 198, 172, 166, 298, 42, 88, 34, 16, 1704, 272, 126, 48
  ▶4: (108) [7310, 1954, 1234, 910, 802, 754, 1712, 1716, 1260, 936, 780, 776, 992, 1044, 996, 912, 804, 752, 830, 882, 834, 1222, 1378, 1270, 1220, 12
  ▶5: (174) [8273, 7337, 7391, 7313, 7363, 4141, 2035, 1981, 1957, 7307, 3421, 1315, 1261, 1237, 7463, 1873, 1153, 937, 913, 1717, 1045, 883, 805, 1765
  ▶6: (204) [8519, 7607, 7499, 7343, 8597, 7445, 7397, 8543, 7367, 7475, 8521, 7841, 7525, 7369, 4303, 4195, 4147, 5689, 2089, 2041, 5611, 2143, 1987,
  ▶7: (153) [10706, 8600, 8546, 9794, 7688, 7610, 8438, 7742, 7502, 8624, 8360, 7448, 8306, 8462, 8548, 8602, 8572, 7922, 7844, 8440, 7768, 7528, 8332,
  ▶8: (57) [10868, 10760, 10790, 8654, 10736, 8708, 7694, 7772, 7748, 8630, 7934, 10762, 8710, 8006, 7774, 4336, 4282, 5746, 3640, 3562, 3400, 10634, 1
  ▶9: (15) [10895, 10817, 9959, 10121, 10843, 10897, 9961, 10115, 10823, 12301, 10849, 10825, 9953, 10609, 17141]
   length: 10
  ▶__proto__: Array(0)
先手行動評価関数 (this.sente.Qfunction)
▼(10) [Array(1), Array(3), Array(0), Array(38), Array(0), Array(174), Array(0), Array(153), Array(0), Array(15)]
  ▶0: [0]
  ▶1: (3) [0.5309616544687192, 0.3026820218820389, 0.3613749737491814]
  ▶2: []
  ▶3: (38) [0.5824485411871312, 0.36313096471497497, 0.6286289132678972, 0.3224820347422099, 0.49739541760182426, 0.2867587635130865, 0.533535357654294
  ▶4: []
  ▶5: (174) [0.9866972053527088, 0.11588159614152253, 0.188436874499364, 0.750196801356913, 0.7141446352992891, 0.7463468748272437, 0.6901552489264577,
  ▶6: []
  ▶7: (153) [0.13935382720260847, -0.29282694105166884, 0.7991804828262582, 0.9948462247926799, -0.15437660083052485, 0.7990872745245392, 0.99854442165
  ▶8: []
  ▶9: (15) [0, 0, 0.9999999999999996, 0.997534965295042, 0.9999999999999996, 0, 0.9999999999999996, 0.9999967707539819, 0.9999999999999996, 0.814697981
   length: 10
  ▶__proto__: Array(0)
後手行動評価関数 (this.gote.Qfunction)
▼(10) [Array(1), Array(0), Array(12), Array(0), Array(108), Array(0), Array(204), Array(0), Array(57), Array(0)]
  ▶0: [0]
  ▶1: []
  ▶2: (12) [-0.18385184674972355, -0.352430047103741, -0.13728798005178008, -0.2541596322211189, -0.06784040889913376, -0.1576095515677482, -0.11037194
  ▶3: []
  ▶4: (108) [0.04813015056403719, -0.1577484978165129, 0.01751915534966815, 0.060574167572850585, 0.38873179345788317, -0.24745041955519145, -0.1055268
  ▶5: []
  ▶6: (204) [0.788291797337461, 0.11330310913205864, -0.09070394013144653, 0.9929303495098489, 0.7405438866394309, -0.2036702765047205, 0.901522909781
  ▶7: []
  ▶8: (57) [0, 0.9962428978738638, 0, 0.9999314403867587, 0, 0, 0.9999858841836138, -1.5999958148971611, 0.992144832788721, 0, -1.5960559444720674, -1.
  ▶9: []
   length: 10
  ▶__proto__: Array(0)
完全ランダム 5878 2864 1258 10000                                    三目並べの強化学習.html:77
```

図1-12 「三目並べの強化学習.html」実行後の各種配列の様子

4.2 学習成果の検証方法

これまでに解説したように、強化学習には、学習回数、学習率 η、Epsilon-Greedy法の貪欲性 ϵ、ボルツマン法のボルツマン因子指数 β、負け時のペナルティ r_{lose} などのパラメータがあります。さらに、学習回数に対する上記パラメータの変化の仕方まで考慮すると、無数に条件が考えられます。本書では、先手/後手ともエージェントを用意して、様々な条件における学習成果を調べます。

比較検証するための手順は次のとおりです。なお、特に明記がない場合の基本パラメータは**表1-10**のとおりです。

(1) 10個の独立した環境・エージェントを用意する。
(2) 指定した条件で100回学習する。
(3) Epsilon-Greedy法の $\epsilon = 1.0$（最適行動：行動評価関数が最大値となる手を選択）または $\epsilon = 0.0$（ランダムに手を選択）を先手/後手に与えて、100回の勝敗数を学習なしでカウントする。
(4) 10個の勝敗数の平均数をグラフ用データとする。
(5) 手順(2)～(4)を100回繰り返してグラフを描画する。

■表1-10　基本パラメータ

パラメータ名	値
学習回数	10,000回
学習率	$\eta = 0.1$
割引率	$\gamma = 0.9$
貪欲性	$\epsilon = 1$
ボルツマン因子指数	$\beta = 10$
負け時のペナルティ	$r_{\mathrm{lose}} = -2$
学習成果確認時の手の選択	Epsilon-Greedy法（$\epsilon = 1.0$）

4.3 ランダム法の成果

行動評価関数の**更新式**（**Eq.1-9**）は、実際に選択する行動に関係なく適用できるため、ランダムな行動選択のみでも問題ないはずです。**図1-13**と**図1-14**は、ランダム学習後（100ごと）に先手のみ、あるいは後手のみ、その時点の行動評価関数の最大値を選択させたときの学習回数に対する勝敗数です。

先手は1,000回程度の学習で「負け数」がほぼ0になり、学習はうまくいっているといえます。一方の後手は、10,000回まで学習してもまだ負けることがあり、学習は不十分であるといえます。

この違いは、手をランダムに選択しても引き分け以上のパターンを先手の方が数多くこなせるため、行動評価関数の更新がスムーズに進んでいるからと考えられます。ちなみに後手も学習回数を増やすことで「負け数」は0に近づいていきます。

なお、実行プログラムは「三目並べの強化学習_グラフ描画_ランダム学習.html」です。

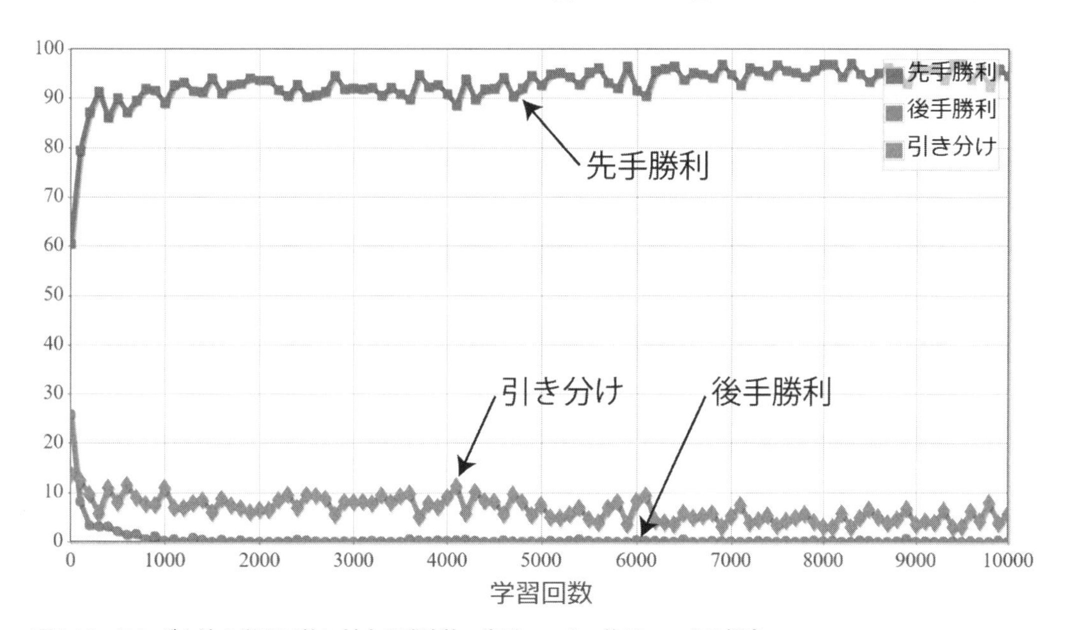

図1-13　ランダム法の学習回数に対する勝敗数：先手$\epsilon=1$、後手$\epsilon=0$の場合

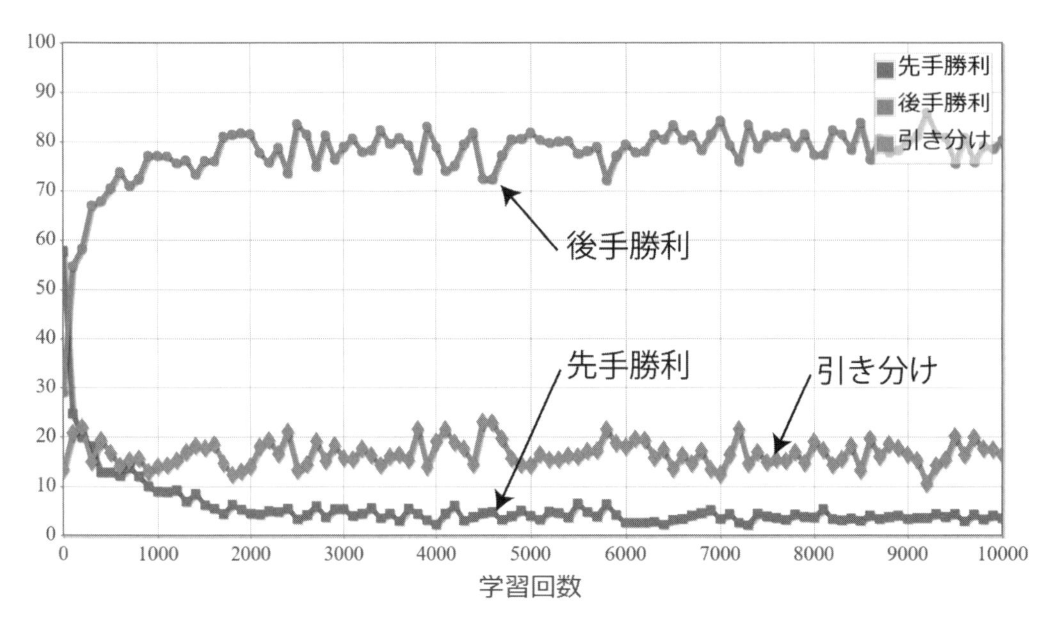

図1-14 ランダム法の学習回数に対する勝敗数：先手$\epsilon = 0$、後手$\epsilon = 1$の場合

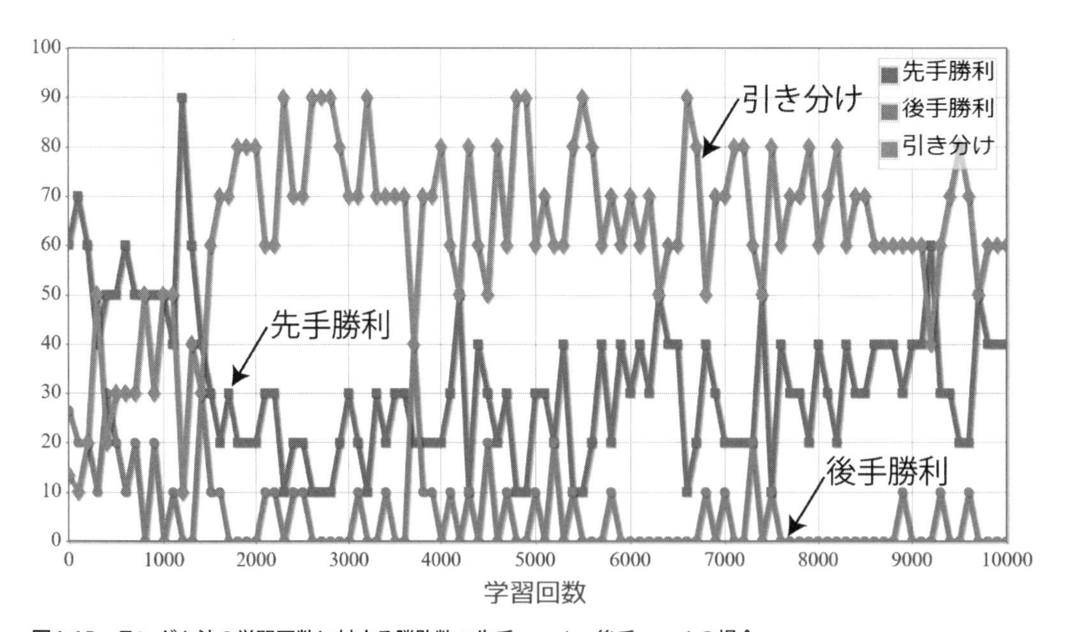

図1-15 ランダム法の学習回数に対する勝敗数：先手$\epsilon = 1$、後手$\epsilon = 1$の場合

図1-15は、ランダム学習後に先手と後手の両方に「その時点の行動評価関数の最大値」を選択させたときの学習回数に対する勝敗数です。先手、後手とも学習が完了していれば全て「引き分け」となるはずですが、先述のとおり後手の学習が不十分のため、そのような結果にはなっていません。なお、先手、後手とも$\epsilon = 1$を与えると、勝敗数カウント時の手は全て同じになるため、10個の平均勝敗数は必ず10の倍数となります。

1
2
3
4
5
6
7
8
9
10

4.4 Epsilon-Greedy法を用いた学習

三目並べの後手は、どんな先手の手に対しても適切に手を選択できれば、少なくとも負けることはありません。前項のランダム学習では不十分だった後手の行動評価関数をEpsilon-Greedy法を用いて学習させます。

図1-16は、Epsilon-Greedy法（先手$\epsilon = 0.5$、後手$\epsilon = 0.5$）における「学習回数に対する勝敗数」（先手$\epsilon = 0$、後手$\epsilon = 1$）です。**図1-14**と比較すると、興味深いことに後手の勝利が約80回から約70回に減り、その分だけ引き分けが約20回から約30回に増加しています。これは、学習時には先手も後手も50%の確率で最適行動を行うため、先手/後手とも慎重に打ち筋を学習したため、と思われます。その結果、**図1-16**の後手の「負け数」は半分程度に減少していることがわかります。

なお、実行プログラムは「三目並べの強化学習_グラフ描画_Epsilon-Greedy法.html」です。

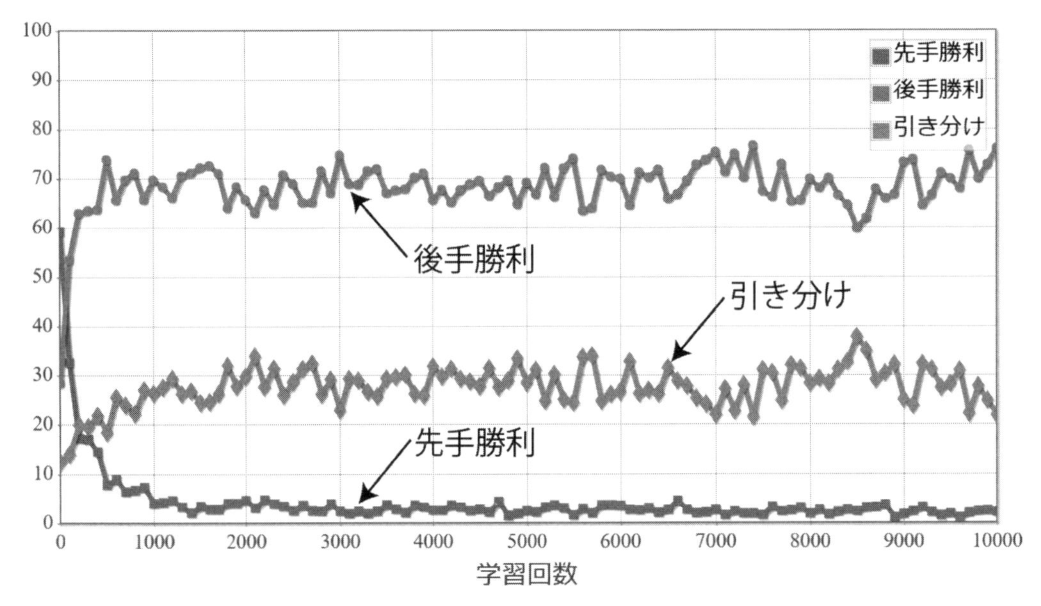

図1-16 Epsilon-Greedy法（$\epsilon = 0.5$）の学習回数に対する勝敗数：先手$\epsilon = 0$、後手$\epsilon = 1$の場合

4.5 Epsilon-Greedy法の ε 依存性

4.4節ではEpsilon-Greedy法の貪欲性パラメータを$\epsilon = 0.5$と与えましたが、ここではϵによって勝敗数がどのように変化するかを調べます。

図1-17、**図1-18**、**図1-19**は、ϵに対する10,000回の学習後の勝敗数です。それぞれ、先手$\epsilon = 1$／後手$\epsilon = 0$の場合、先手$\epsilon = 0$／後手$\epsilon = 1$の場合、先手$\epsilon = 1$／後手$\epsilon = 1$の場合に対応します。

図1-17の先手、**図1-18**の後手とも、学習時のϵの値が大きくなるほど「勝利数」が減少していることがわかります。しかしながら、$\epsilon > 0.9$の領域では「引き分け」が減少して、その分だけ「負け数」が増加していきます。これは、先手／後手とも学習時の最適行動の確率が高く、同じ手ばかりを学習してしまった結果、ランダムな手を打つ相手には苦戦してしまうことを表していると考えられます。

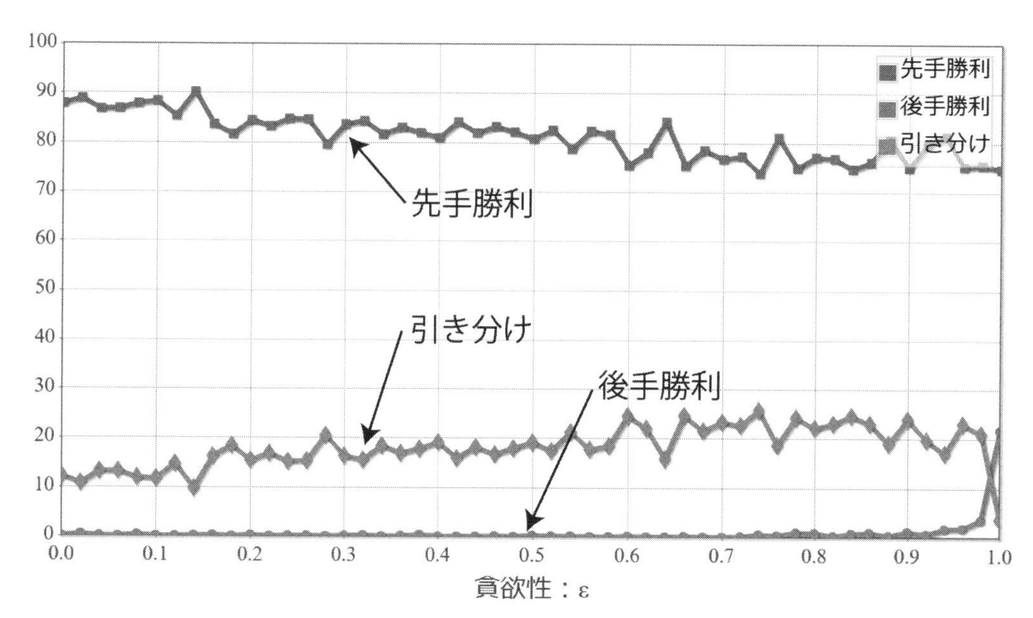

図1-17　Epsilon-Greedy法のϵに対する勝敗数：先手$\epsilon = 1$、後手$\epsilon = 0$の場合

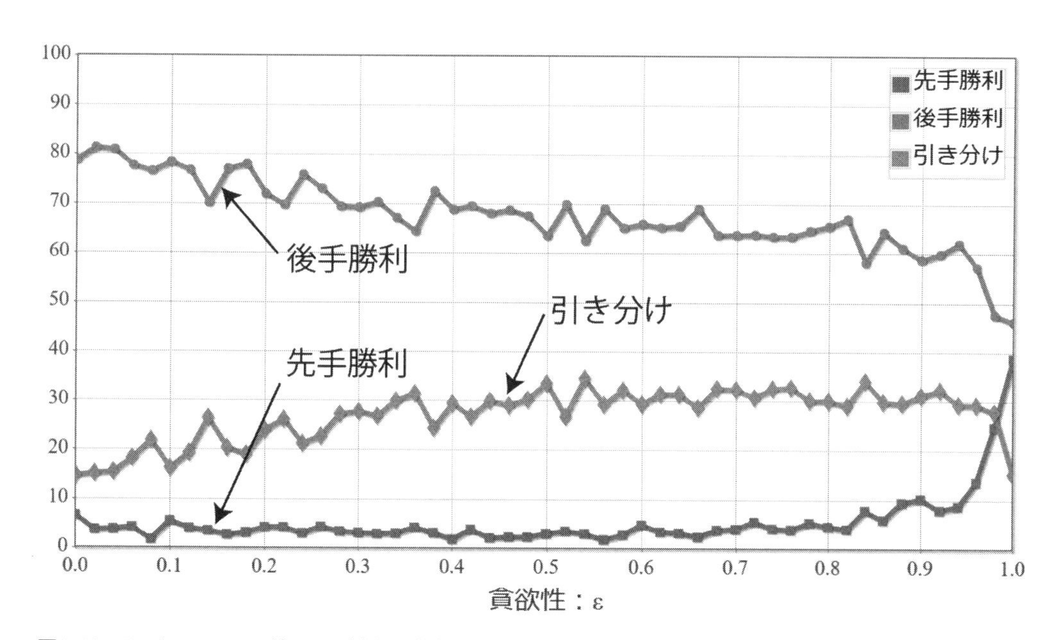

図1-18　Epsilon-Greedy法のϵに対する勝敗数：先手$\epsilon = 0$、後手$\epsilon = 1$の場合

また、**図1-19**を見ると、先手／後手とも最適行動した場合の「引き分け」の確率が$\epsilon > 0.31$で100%になっていることがわかります。これは、学習時にもある程度の頻度で最適行動を行い、勝敗が決着する場面を多数経験する必要があることを意味しています。

なお、実行プログラムは「三目並べの強化学習_グラフ描画_Epsilon-Greedy法のepsilon依存性.html」です（計算時間に1～2時間かかります）。

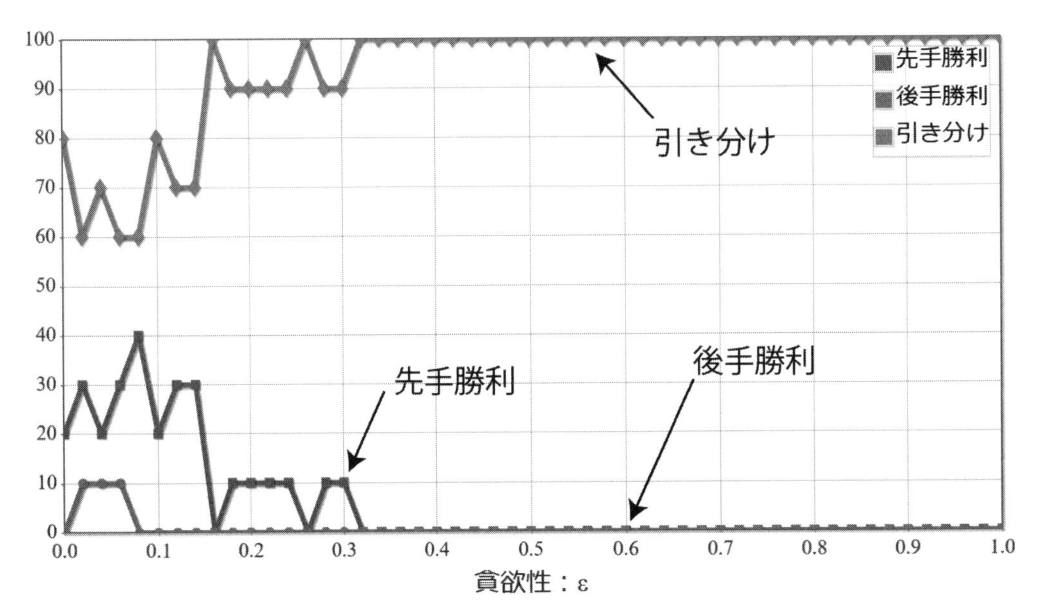

図1-19 Epsilon-Greedy法のϵに対する勝敗数：先手$\epsilon = 1$、後手$\epsilon = 1$の場合

4.6 ボルツマン法を用いた学習

Epsilon-Greedy法と同様に、後手の行動評価関数をボルツマン法を用いて学習させせます。**図1-20**は、ボルツマン法（先手$\beta = 2.0$、後手$\beta = 2.0$）における学習回数に対する勝敗数（先手$\epsilon = 0$、後手$\epsilon = 1$）です。

まず、学習回数が7,000～10,000回にかけて後手の「勝利数」が伸びているのが興味深いです。ボルツマン法はEpsilon-Greedy法と異なり、いつの場合も過去の経験を踏まえた選択（行動評価関数に比例した確率で行動が選択）を行うため、学習に無駄が少ないと考えられます。さらに、**図1-16**と比較して「引き分け」の回数が半分程度に減っていることも、それを表しています。

なお、実行プログラムは「三目並べの強化学習_グラフ描画_ボルツマン法.html」です。

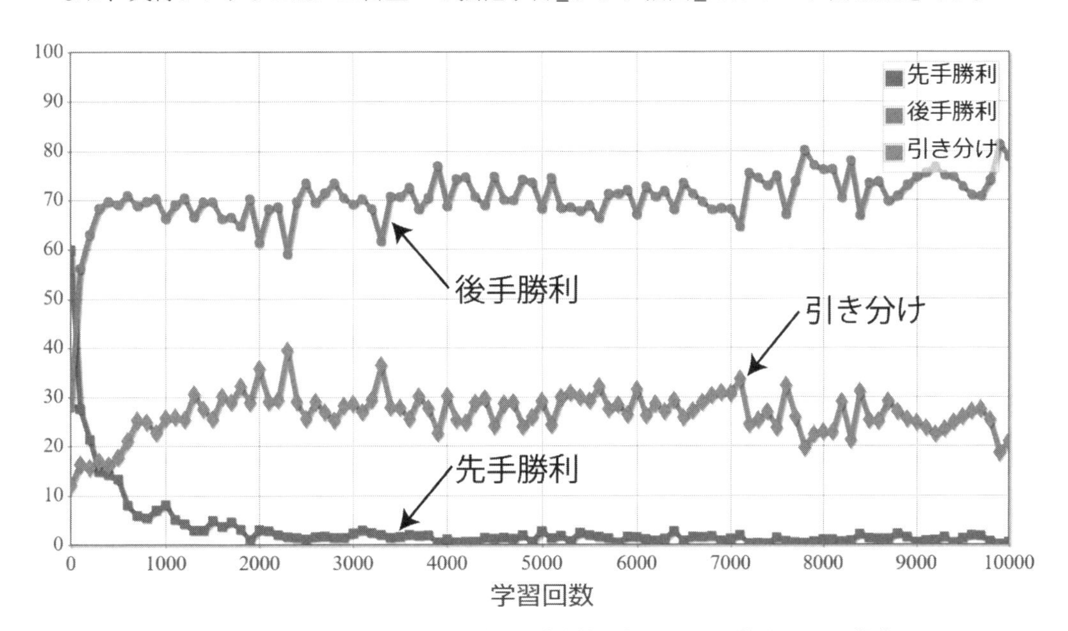

図1-20　ボルツマン法（$\beta = 2.0$）の学習回数に対する勝敗数：先手$\epsilon = 0$、後手$\epsilon = 1$の場合

4.7 ボルツマン法のβ依存性

4.6節ではボルツマン法のパラメータを$\beta = 2.0$と与えましたが、ここではβによって勝敗数がどのように変化するかを調べます。**図1-21**、**図1-22**、**図1-23**は、βに対する10,000回学習後の勝敗数です。それぞれ、先手$\epsilon = 1$／後手$\epsilon = 0$の場合、先手$\epsilon = 0$／後手$\epsilon = 1$の場合、先手$\epsilon = 1$／後手$\epsilon = 1$の場合に対応します。

図1-21の先手は、βの大きさに対して「勝利数」はあまり変化しませんでした。一方、**図1-22**の後手はβが大きくなるほど「勝利数」が減っていくだけでなく、$\beta > 4$では「負け数」が増大していっています。これは、この領域では「後手よりも先手のほうが学習が進んでいる」と考えられます。

また、**図1-23**を見ると、先手／後手とも最適行動した場合の「引き分け」の確率が$\beta > 1.8$で100%となっていることがわかります。これは、Epsilon-Greedy法と同様に、学習時にもある程度の頻度で最適行動を行い、勝敗が決着する場面を多数経験できているためといえます。

なお、実行プログラムは「三目並べの強化学習_グラフ描画_ボルツマン法のbeta依存性.html」です（計算時間に1～2時間かかります）。

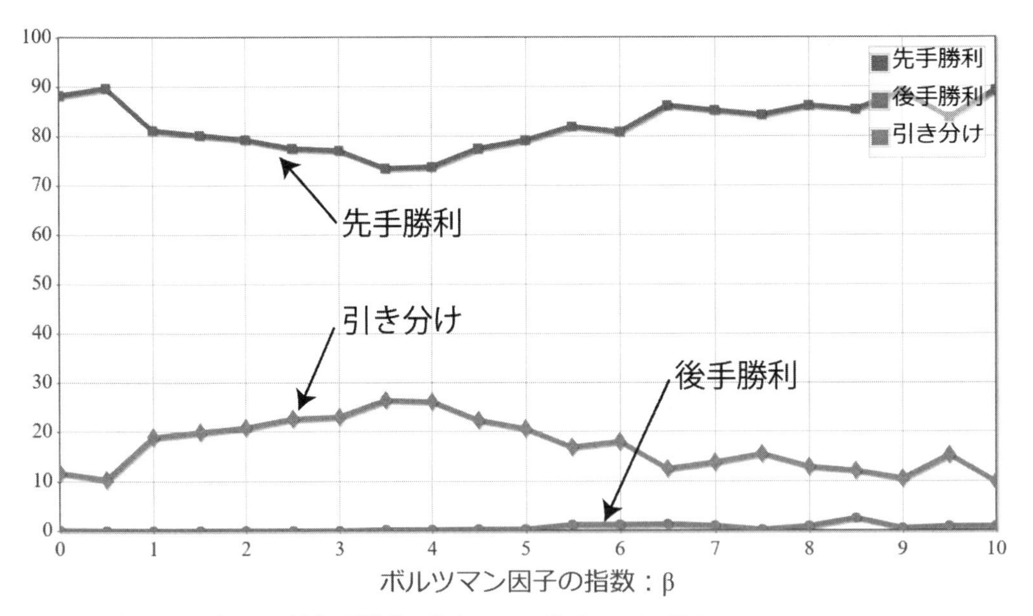

図1-21　ボルツマン法のβに対する勝敗数：先手$\epsilon = 1$、後手$\epsilon = 0$の場合

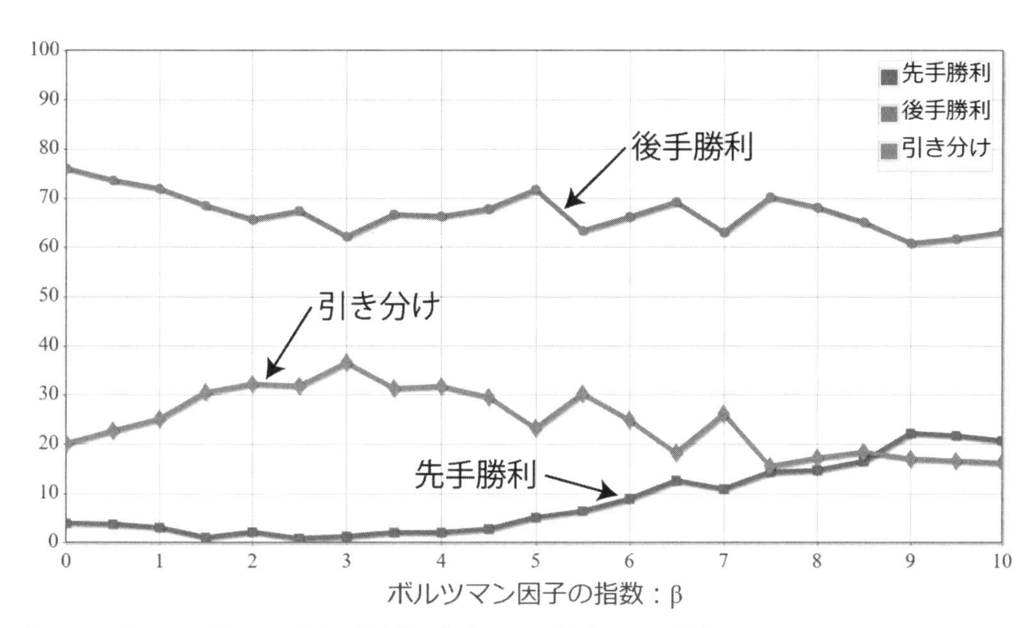

図1-22　ボルツマン法のβに対する勝敗数：先手$\epsilon=0$、後手$\epsilon=1$の場合

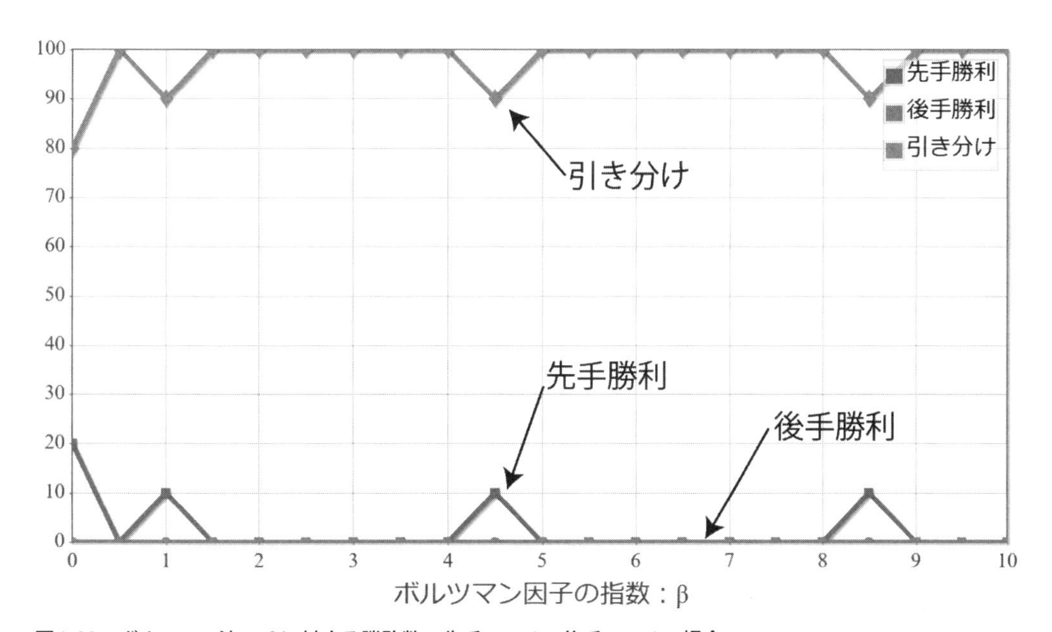

図1-23　ボルツマン法のβに対する勝敗数：先手$\epsilon=1$、後手$\epsilon=1$の場合

4.8 学習回数ごとにパラメータを変化させる学習法

これまでに解説したように、ランダム法の**図1-15**、Epsilon-Greedy法の**図1-16**、ボルツマン法の**図1-20**とも、後手は若干の「負け試合」があります。これまではそれぞれ同じパラメータで全学習を行ってきましたが、ここでは学習成果を高めるために学習回数ごとにパラメータを変化させてみます。

まずはEpsilon-Greedy法についてです。**図1-18**で示したϵ依存性を見ると、$\epsilon > 0.5$で「負け数」が増えていきますが、「あらかじめ小さいϵで学習しておいて、徐々に大きくすることで負け数を減らすことができるのではないか？」と考えられます。そこでϵの値を、学習回数をカウントするn（0～100）を用いて

$$\epsilon = \frac{n}{100}$$

とし、0から1まで徐々に大きくしてみます。その学習回数に対する勝敗数を**図1-24**に示します。これを**図1-16**と比較すると、残念ながら「負け数」はあまり変化がありませんでした。

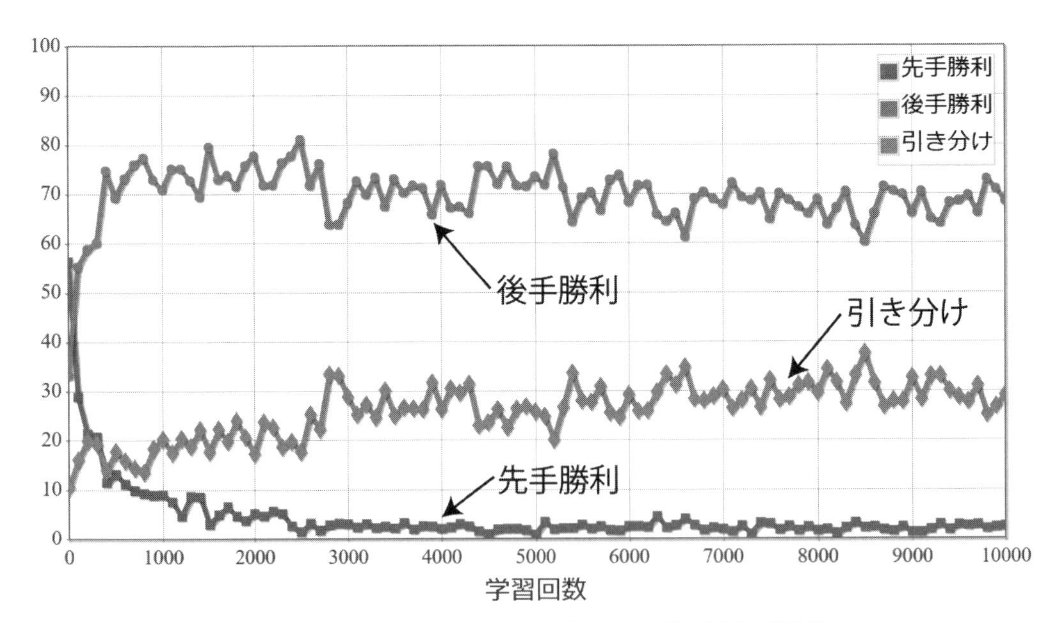

図1-24 Epsilon-Greedy法のϵを0～1.0まで変化させた場合の学習回数に対する勝敗数
※プログラム：「三目並べの強化学習_グラフ描画_Epsilon-Greedy法（学習回数ごとにパラメータを変化）.html」

次に、ボルツマン法についてです。**図1-22**で示したβ依存性を見ると、$\beta > 5$では「負け数」が増えていくので、Epsilon-Greedy法と同様に、あらかじめ小さいβで学習しておき、徐々に大きくしていきます。βの値は、学習回数をカウントするnを用いて、

$$\beta = \frac{n}{20}$$

とします。**図1-25**は学習回数に対する勝敗数です。これを**図1-20**と比較すると、「負け数」がだいぶ減ったことがわかります。ボルツマン法では、学習回数ごとにパラメータを変化させることに意味があると示されました。

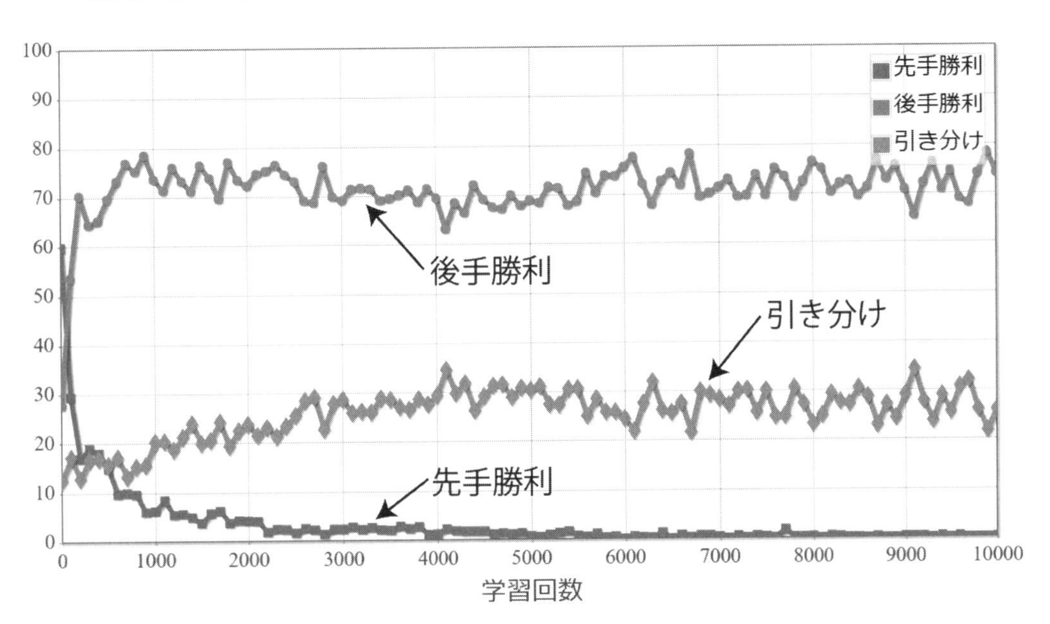

図1-25　ボルツマン法のβを0～5まで変化させた場合の学習回数に対する勝敗数
※プログラム：「三目並べの強化学習_グラフ描画_ボルツマン法（学習回数ごとにパラメータを変化）.html」

4.9 ペナルティ値の依存性

これまでは、負けたときの「報酬の下方調整量」であるペナルティを$r_{\text{lose}} = -2.0$に固定していました。ペナルティの絶対値は、小さすぎると「負け」を気にせずに「勝ち」に邁進してしまい、大きすぎると「勝ち」と「負け」に対する評価のバランスが崩れてしまいます。

そこで、これまで最も学習成果が良かった4.8節のパラメータを変化させるボルツマン法に対して、ペナルティを0から-20まで増加させてみます。**図1-26**はその結果です。予想どおり、勝利時の報酬に対して適切なペナルティがあることがわかります。

なお、実行プログラムは「三目並べの強化学習_グラフ描画_ボルツマン法のペナルティ依存性.html」です（計算時間が1～2時間かかります）。

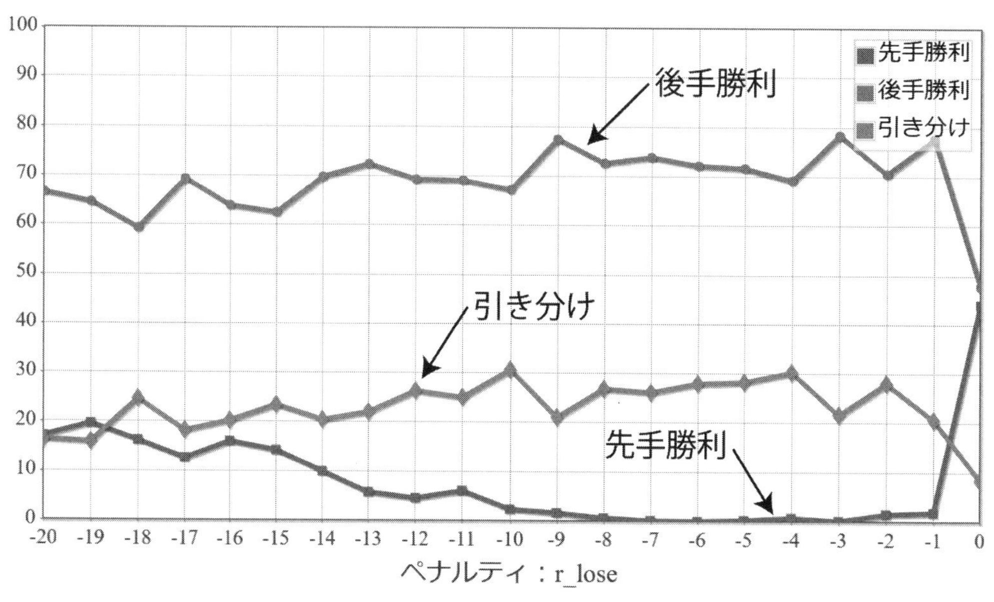

図1-26　ペナルティ（-20～0）に対する勝敗数：先手$\epsilon = 0$、後手$\epsilon = 1$の場合

4.10 割引率依存性

これまで、未来の「報酬の不確実性」を表す割引率は$\gamma = 0.9$に固定していましたが、今回の対戦ゲームの強化学習で与えるべき値は見当がつきません。

そこで、これまで最も学習成果が良かった4.8節のボルツマン法に対して、割引率を0〜1まで増加させてみます。**図1-27**はその結果です。0と1の場合を除いて、さほど差がないように思えます。0.5〜0.7あたりが良いと思われます。

なお、実行プログラムは「三目並べの強化学習_グラフ描画_ボルツマン法の割引率依存性.html」です(計算時間に1〜2時間かかります)。

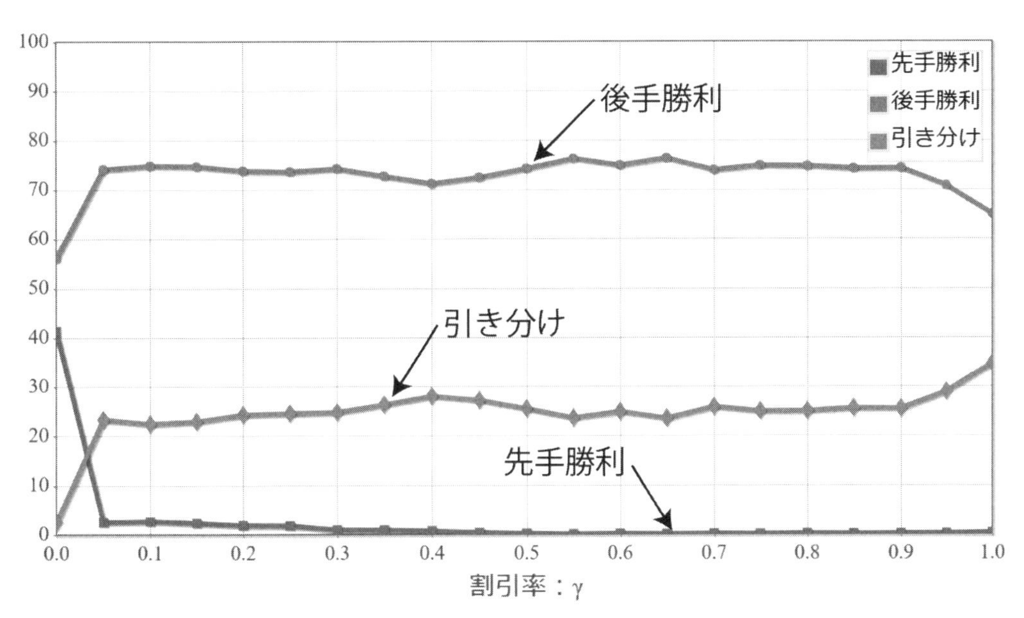

図1-27　割引率0〜1までの学習成果

4.11 最適パラメータによる学習成果

最後に、これまで検証したパラメータの中で「学習成果が高い」と思われる最適な値で学習させてみましょう。パラメータは以下のとおりで、実行結果は**図1-28**のようになります。学習回数が8,000回を超えたあたりから「負け数」が0になり、目的を達成することができました。

なお、実行プログラムは「三目並べの強化学習_グラフ描画_ボルツマン法の最適パラメータ.html」です。

■表1-11 三目並べ強化学習の最適パラメータ

パラメータ名	値
独立環境・エージェント数	10個
学習回数	10,000回
ボルツマン因子指数	$\beta = n/20$（$n = 0 \sim 100$）
割引率	$\gamma = 0.7$
負け時のペナルティ	$r_{\mathrm{lose}} = -5$
学習時の選択方法	ボルツマン法（$\beta = n/20$）
学習終了後の選択方法	Epsilon-Greedy法（$\epsilon = 1$）

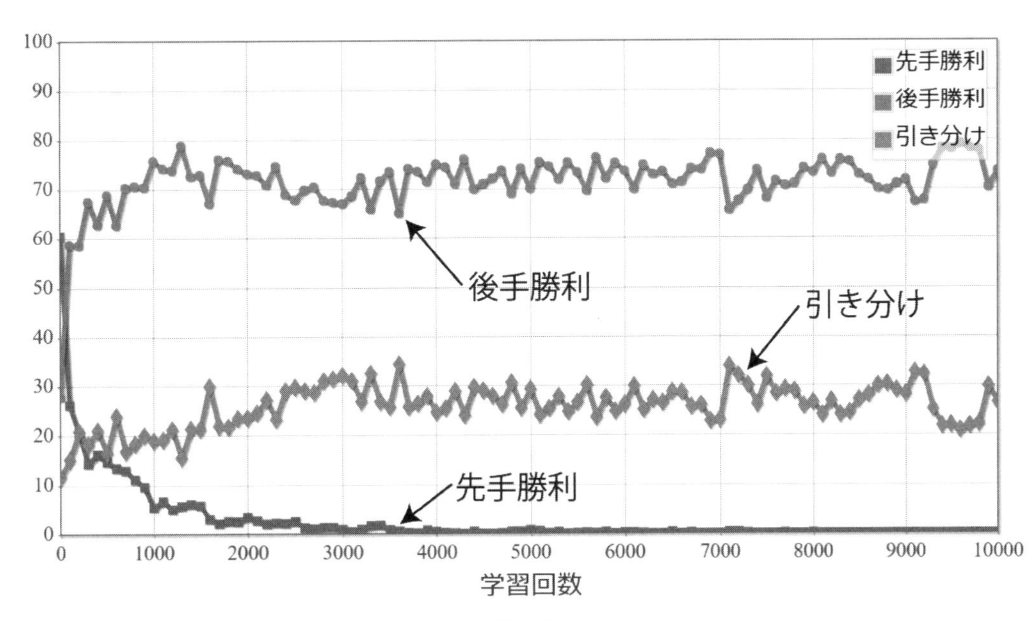

図1-28　最適パラメータにおける学習回数に対する勝敗数

4.12 コンピュータ対戦型三目並べゲーム

本書前半の最後に、Webブラウザで動作する強化学習で実装した「コンピュータ対戦型三目並べゲーム」を開発します。コンピュータの思考ルーチンは、4.11節で示した「最も学習成果が良かったパラメータを用いて10,000回学習した行動評価関数」を用いるとします。**図1-29**はゲームのインターフェースです。ゲームの仕様は以下のとおりです。

(1) プレイヤー(あなた)とコンピュータは先攻と後攻を1回ごとに入れ替える
(2) コンピュータの手の選択はEpsilon-Greedy法とする
(3) 貪欲性ϵを0(ランダム選択)から1(最適選択)までスライドバーで設定可
(4)「対戦成績」と「過去の手」を表示する
(※) 対戦時の学習は無し

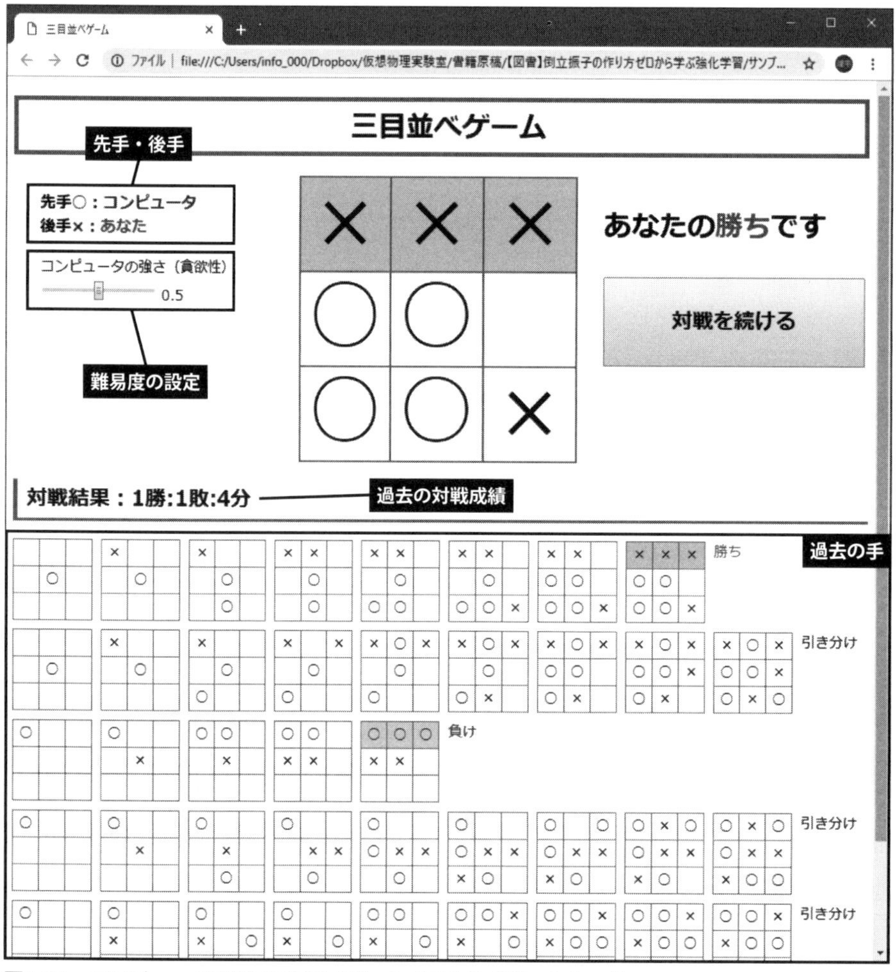

図1-29 コンピュータ対戦型三目並べゲーム（三目並べゲーム.html）

プログラムは「三目並べゲーム.html」です。HTML5が動作するWebブラウザで実行してみてください。プログラム開始時には、**図1-30**に示したような「バックグラウンドで学習中」の文字と進捗状況が表示されます。学習が完了すると前ページ（3）の貪欲性を設定するスライドが表示されます。

図1-30 学習時の表示

実際に対戦してみると、$\epsilon = 1$の場合は全く勝つことができず、ちょっと油断すると負けてしまいます。ただし、まれに強化学習がうまく行っていない場合があり、特定の手順で必ず勝利できる「必勝パターン」が生じてしまうケースがあります。これは、1万回の学習時に「同様の手」が十分に経験されていないことに起因します。この問題は、対戦時にも学習を行うようにすることで対応できます。

振子運動のシミュレーション方法

5.1 倒立振子の数理モデル

5.2 張力の導出

5.3 ルンゲ・クッタ法を用いたプログラミングの方法

5.4 Vector3 クラスのヘッダーファイル

5.5 RK4_Nbody クラスのヘッダーファイル

これまでの解説で、三目並べを題材とした「強化学習の基本」を理解できたと思います。第5章からは、本書の目的である「倒立振子運動の強化学習」に取り組みます。

物理現象を数値的に再現する「物理シミュレーション」を実現するには、大学初学年程度の物理学と数学の知識、加えてプログラミングスキルが必要になります。本書では、物理学や数学の知識を前提とせずに「倒立振子運動の強化学習」を学習できるようにサンプルプログラムを用意しています。

本書の物理シミュレーションで用いる数値計算は「ルンゲ・クッタ法」という汎用性の高いアルゴリズムです。ただし、本書では「ルンゲ・クッタ法」の内容について紹介していません。詳しく勉強したい方は、拙著「ルンゲ・クッタで行こう！　―物理シミュレーションを基礎から学ぶ―」（カットシステム、2018、ISBN：4877834354）などを参照してください。

5.1　倒立振子の数理モデル

倒立振子とは、棒の一端を左右に振ることで振動運動や回転運動を行う「振り子」のことです。このような倒立振子を物理的に扱うときは、**図2-1**に示したように、紐で結び付けられた「棒と同質量のおもり」に置き換えるのが一般的です。この紐は、伸び縮みしない、質量を無視できる紐であるとします。棒の「支点から重心までの距離」は「紐の長さ」に対応します。

このような置き換えは、「棒の重心運動」と「紐に結び付けられた質点」が本質的に等価であるため可能であり、運動方程式の扱いを容易にするために有用です。

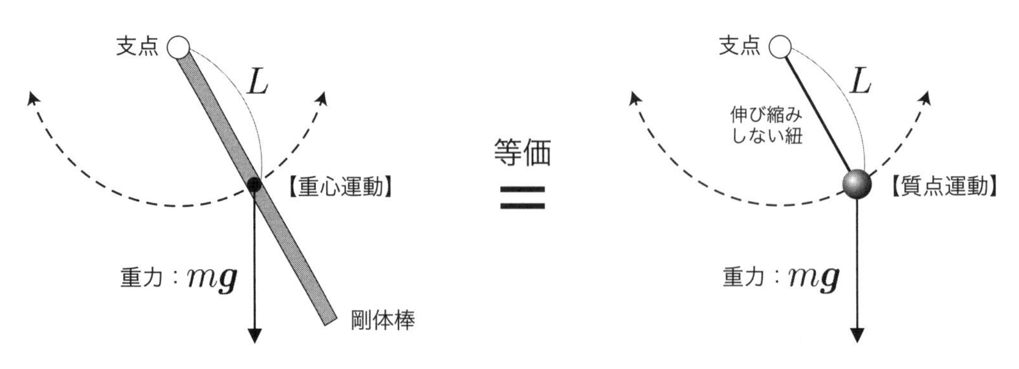

図2-1　重心運動と質点運動の等価性の模式図

◆倒立振子運動の定義

本書では、支点を水平方向へ運動させることにより、紐に結び付けられた「おもり」を最下点から最上点に持ってくる運動を倒立振子運動と呼ぶことにします。この運動を表現するための数理モデル（支点、質点に加わる力）は**図2-2**のとおりです。支点は「水平方向へ引かれたレール」の上を自由に移動できる滑車のようなものと考え、その滑車に「伸び縮しない紐」と「おもり」を取り付けます。

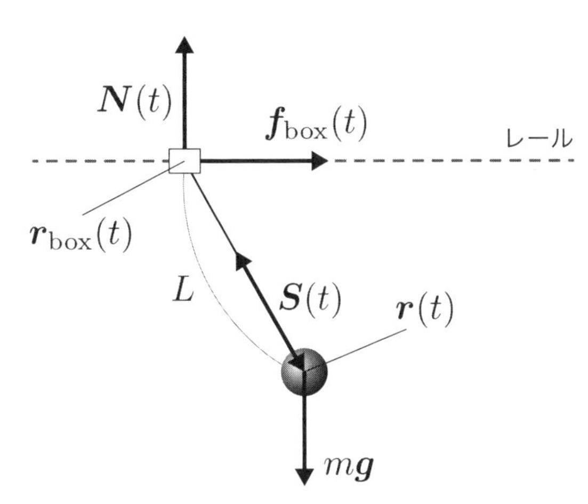

図2-2　倒立振子運動に必要な力を表した模式図

「滑車」と「おもり」が受ける力をまとめると、次のようになります。

$$\boldsymbol{F}_{\mathrm{box}} = m_{\mathrm{box}}\,\boldsymbol{g} - \boldsymbol{S} + \boldsymbol{N}_{\mathrm{box}} + \boldsymbol{f}_{\mathrm{box}} \quad \text{(Eq.2-1)}$$

$$\boldsymbol{F} = m\boldsymbol{g} + \boldsymbol{S} + \boldsymbol{f}_{\mathrm{ext}} \quad \text{(Eq.2-2)}$$

■表2-1 倒立振子運動に関連する変数

変数名	意味[単位]
$\boldsymbol{F}_{\mathrm{box}}$	滑車に加わる力[N]
$\boldsymbol{F}$	おもりに加わる力[N]
m_{box}	滑車の質量[kg]
$\boldsymbol{g}$	重力加速度ベクトル[m/s²]
$\boldsymbol{S}$	紐の張力(おもりから滑車向きを正)[N]
$\boldsymbol{N}_{\mathrm{box}}$	滑車がレールから受ける垂直抗力[N]
$\boldsymbol{f}_{\mathrm{box}}$	滑車に外部から加える力[N]
$\boldsymbol{f}_{\mathrm{ext}}$	おもりに外部から加える力[N]
L	伸び縮みしない紐の長さ[m]
$\boldsymbol{r}_{\mathrm{box}}$	滑車の位置ベクトル[m]
$\boldsymbol{v}_{\mathrm{box}}$	滑車の速度ベクトル[m/s]
$\boldsymbol{a}_{\mathrm{box}}$	滑車の加速度ベクトル[m]
$\boldsymbol{r}$	おもりの位置ベクトル[m]
$\boldsymbol{v}$	おもりの速度ベクトル[m/s]
$\boldsymbol{a}$	おもりの加速度ベクトル[m/s²]

◆倒立振子運動の定義

滑車はレールから外れないと仮定すると、滑車には垂直方向成分がキャンセルされる方向に垂直抗力が働くので、垂直抗力$\boldsymbol{N}$は

$$\boldsymbol{N}_{\mathrm{box}} = -m_{\mathrm{box}}\,\boldsymbol{g} + (\boldsymbol{S}\cdot\hat{\boldsymbol{z}})\hat{\boldsymbol{z}} \quad \text{(Eq.2-3)}$$

と表されます。これを代入すると滑車に加わる力は次のとおりです。

$$\boldsymbol{F}_{\mathrm{box}} = -\boldsymbol{S} + (\boldsymbol{S}\cdot\hat{\boldsymbol{z}})\hat{\boldsymbol{z}} + \boldsymbol{f}_{\mathrm{box}} \quad \text{(Eq.2-4)}$$

◆ニュートンの運動方程式について

これまで「滑車」と「おもり」に加わる力を導出してきた理由は、物理学は「力が決まれば運動が決まる」という大前提のもと、論理体系が構築されているからです。今回、対象としている倒立振子運動は、時間や空間のスケールが（我々の生活するスケールを範疇とする）古典物理学における基礎方程式、ニュートンの運動方程式に従うことが知られています。ニュートンの運動方程式を言葉で表すと、

「物体の加速度 $\boldsymbol{a}$ の大きさは、物体に加わる力 $\boldsymbol{F}$ の大きさに比例して物体の質量に反比例し、加速度の向きは力の向きと同じである。」

という法則（ニュートンの第二法則）で、この関係を式で表すと次のようになります。

【基礎方程式】ニュートンの運動方程式

$$\boldsymbol{a} = \frac{\boldsymbol{F}}{m} \qquad \text{(Eq.2-5)}$$

非常にシンプルな関係式ですが、威力は絶大です。「滑車」と「おもり」の加速度は、ニュートンの運動方程式から次のようになります。

【計算アルゴリズム】倒立振子の滑車とおもりの加速度ベクトル

$$\boldsymbol{a}_{\rm box} = \frac{\boldsymbol{F}_{\rm box}}{m_{\rm box}} = \frac{1}{m_{\rm box}}\left[-\boldsymbol{S} + (\boldsymbol{S}\cdot\hat{\boldsymbol{z}})\hat{\boldsymbol{z}} + \boldsymbol{f}_{\rm box}\right] \qquad \text{(Eq.2-6)}$$

$$\boldsymbol{a} = \frac{\boldsymbol{F}}{m} = \boldsymbol{g} + \frac{\boldsymbol{S}}{m} + \frac{\boldsymbol{f}_{\rm ext}}{m} \qquad \text{(Eq.2-7)}$$

加速度ベクトルは、位置ベクトルを時刻で２回微分した量なので、**式（Eq.2-6）**と**式（Eq.2-7）**は2階の常微分方程式です。2階の常微分方程式は2つの初期条件を与えることで、ルンゲ・クッタ法などの数値解法を用いて解くことができます。しかしながら、上記の式ではまだ $\boldsymbol{S}$ が未定です。次節では $\boldsymbol{S}$ の決定方法を解説します。

5.2 張力の導出

式（Eq.2-6）と**式（Eq.2-7）**だけで「滑車」と「おもり」の運動を決定できないのは、単純に「未知な変数による連立方程式」に対する条件式が足りたいためです。より具体的に解説すると、$\boldsymbol{a}_{\mathrm{box}}, \boldsymbol{a}, \boldsymbol{S}$ の３次元ベクトル３本、合計で９個の変数が未知であるのに対して、**式（Eq.2-6）**と**式（Eq.2-7）**では３次元ベクトル方程式２本、合計６本の方程式しか与えられていません。残りの３本の方程式を導出するには、「伸び縮みのしない紐に接続されている」という拘束条件を与える必要があります。

◆拘束条件（位置・速度・加速度）

拘束条件といっても難しくはありません。紐の長さが一定というだけの話です。

$$|\boldsymbol{r} - \boldsymbol{r}_{\mathrm{box}}| = L \qquad \text{(Eq.2-8)}$$

これは位置ベクトルに関する拘束条件を意味します。さらに両辺を２乗して、時間で微分すると、

$$(\boldsymbol{r} - \boldsymbol{r}_{\mathrm{box}}) \cdot (\boldsymbol{v} - \boldsymbol{v}_{\mathrm{box}}) = 0 \qquad \text{(Eq.2-9)}$$

が得られます。これは速度ベクトルに関する拘束条件です。相対位置ベクトルと相対速度ベクトルは直交することを表しています。さらに、上式を時間で微分すると、

$$(\boldsymbol{r} - \boldsymbol{r}_{\mathrm{box}}) \cdot (\boldsymbol{a} - \boldsymbol{a}_{\mathrm{box}}) + |\boldsymbol{v} - \boldsymbol{v}_{\mathrm{box}}|^2 = 0 \qquad \text{(Eq.2-10)}$$

となります。これは加速度ベクトルに関する拘束条件となります。以上の**式（Eq.2-8）**、**式（Eq.2-9）**、**式（Eq.2-10）**が新たに加えられる3本の方程式です。これで方程式の数が足りました。

1
2
3
4
5
6
7
8
9
10

◆張力 S の導出

まず、**式（Eq.2-10）**に**式（Eq.2-6）**と（**Eq.2-7**）を代入します。

$$\boldsymbol{L}\cdot\boldsymbol{g}+\left[\frac{m+m_{\rm box}}{mm_{\rm box}}\right]\boldsymbol{L}\cdot\boldsymbol{S}+\frac{\boldsymbol{f}_{\rm ext}\cdot\boldsymbol{L}}{m}-\frac{\boldsymbol{f}_{\rm box}\cdot\boldsymbol{L}}{m_{\rm box}}-\frac{S(\boldsymbol{L}\cdot\hat{\boldsymbol{z}})^2}{Lm_{\rm box}}+|\boldsymbol{v}-\boldsymbol{v}_{\rm box}|^2=0$$

（Eq.2-11）

ただし、

$$\boldsymbol{L}\equiv\boldsymbol{r}-\boldsymbol{r}_{\rm box}$$

（Eq.2-12）

です。一方、張力 $\boldsymbol{S}$ の方向は必ず**式（Eq.2-12）**の方向と一致するはずなので、

$$\boldsymbol{S}=S\,\frac{\boldsymbol{L}}{|\boldsymbol{L}|}=\frac{S}{L}\,\boldsymbol{L}$$

（Eq.2-13）

と表すことができます。**式（Eq.2-13）**を**式（Eq.2-11）**に代入することで張力の大きさ S が得られます。

$$S=\frac{1}{\frac{(\boldsymbol{L}\cdot\hat{\boldsymbol{z}})^2}{Lm_{\rm box}}-\frac{m+m_{\rm box}}{mm_{\rm box}}L}\left[|\boldsymbol{v}-\boldsymbol{v}_{\rm box}|^2+\boldsymbol{g}\cdot\boldsymbol{L}+\frac{\boldsymbol{f}_{\rm ext}\cdot\boldsymbol{L}}{m}-\frac{\boldsymbol{f}_{\rm box}\cdot\boldsymbol{L}}{m_{\rm box}}\right]$$

（Eq.2-14）

最後に、**式（Eq.2-14）**を**式（Eq.2-13）**に代入すると、$\boldsymbol{S}$ は次のようになります。

【計算アルゴリズム】滑車とおもり間に働く張力ベクトル

$$\boldsymbol{S}=\frac{1}{\frac{(\boldsymbol{L}\cdot\hat{\boldsymbol{z}})^2}{m_{\rm box}}-\frac{m+m_{\rm box}}{mm_{\rm box}}L^2}\left[|\boldsymbol{v}-\boldsymbol{v}_{\rm box}|^2+\boldsymbol{g}\cdot\boldsymbol{L}+\frac{\boldsymbol{f}_{\rm ext}\cdot\boldsymbol{L}}{m}-\frac{\boldsymbol{f}_{\rm box}\cdot\boldsymbol{L}}{m_{\rm box}}\right]\boldsymbol{L}$$

（Eq.2-15）

上記の表式は、外部からの力ベクトルと質量を既知として、「滑車」と「おもり」の位置ベクトルと速度ベクトルが与えられれば、張力が得られることを意味しています。得られた張力を**式（Eq.2-6）**と**式（Eq.2-7）**に代入すると、それぞれの加速度ベクトルが得られます。

5.3　ルンゲ・クッタ法を用いたプログラミングの方法

　ルンゲ・クッタ法とは、常微分方程式を比較的高精度（4次精度）に、数値的に解くことできる計算法で、利用方法が簡単なことからよく利用されます。時刻tとそこからΔt秒後の「おもり」の位置ベクトル、速度ベクトルの関係式を

$$\boldsymbol{r}(t+\Delta t)=\boldsymbol{r}(t)+\Delta\boldsymbol{r}(t) \tag{Eq.2-16}$$

$$\boldsymbol{v}(t+\Delta t)=\boldsymbol{v}(t)+\Delta\boldsymbol{v}(t) \tag{Eq.2-17}$$

と表した場合、ルンゲ・クッタ法は導出した加速度ベクトル**式（Eq.2-6）**と**式（Eq.2-7）**から$\Delta\boldsymbol{r}(t), \Delta\boldsymbol{v}(t)$を数値的に計算することができます。計算誤差は時間間隔Δtが小さいほど小さくすることができ、1ステップあたりの計算誤差は$(\Delta t)^5$程度であることが証明できます（4次精度 → 誤差は5次）。本書では数値計算についての詳しい解説を行えないので、利用方法のみを解説します。

◆倒立振子シミュレーション用クラス「Particles」の定義

　次のプログラムは、設定した加速度に対する運動をルンゲ・クッタ法を用いて計算するクラス「`Particles`」の定義です。`Particles`クラスの`A`関数は、加速度として**式（Eq.2-6）**と**式（Eq.2-7）**を与えると、$\Delta\boldsymbol{r}(t), \Delta\boldsymbol{v}(t)$を計算します。

▼倒立振子シミュレーション用クラス「Particles」の定義
（InvertedPendulum/RK4_Nbody/main.cpp）

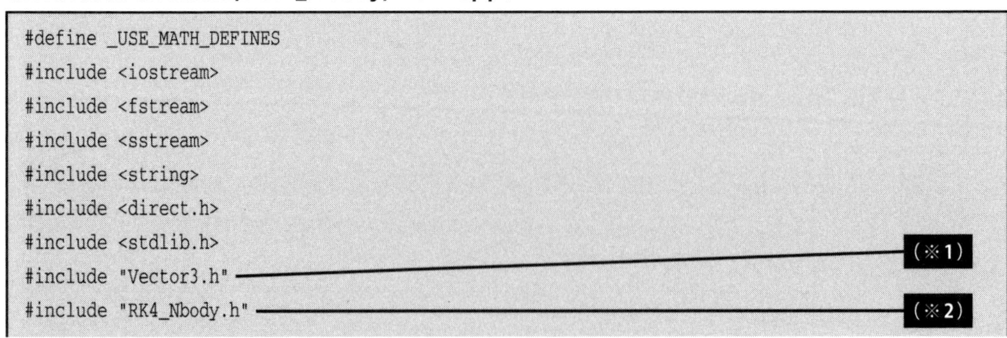


```
#define _USE_MATH_DEFINES
#include <iostream>
#include <fstream>
#include <sstream>
#include <string>
#include <direct.h>
#include <stdlib.h>
#include "Vector3.h"
#include "RK4_Nbody.h"
```

```
////////////////////////////////////////////////////////////////////
// 物理パラメータ
////////////////////////////////////////////////////////////////////
//重力加速度
double g = 10.0;
//重力加速度ベクトル
Vector3 vec_g = Vector3(0, 0, -g);
//質量
double m_box = 10.0; //滑車
double m = 1.0;
//z方向単位ベクトル
Vector3 z_hat(0, 0, 1);
////////////////////////////////////////////////////////////////////
// 粒子クラス
////////////////////////////////////////////////////////////////////
class Particles : public RK4_Nbody { ——————————————— (※3)
public:
  //コンストラクタ
  Particles(int _N, double _dt) : RK4_Nbody(_N, _dt) {} ——————— (※4)
  //デストラクタ
  ~Particles() {}
  //滑車に加わる外力ベクトルを与える関数
  Vector3 f_box_function(double t) { ——————————————— (※5-1)
    return Vector3(0, 0, 0);
  };
  //おもりに加わる外力ベクトル
  Vector3 f_ext = Vector3(0, 0, 0);
  //速度ベクトル（必須）
  void A(double t, Vector3 *rs, Vector3 *vs, Vector3 *out_as) { ——— (※6)
    for (int i = 0; i < N; i++) {
      out_as[i].set(0, 0, 0);
    }
    //滑車の外力加速度ベクトル
    Vector3 f_box = f_box_function(t); ——————————————— (※5-2)
    //方向ベクトル
    Vector3 vec_L = rs[1] - rs[0];
    //相対速度ベクトル
    Vector3 v_ij = vs[1] - vs[0];
```

1 2 3 4 5 6 7 8 9 10

```
    //張力ベクトル
    Vector3 vec_S = 1.0 / (pow(vec_L.dot(z_hat), 2) / m_box - (m + m_box) / (m * m_box) * vec_L.lengthSq()) *
      (v_ij.lengthSq() + vec_g.dot(vec_L) + f_ext /m - f_box.dot(vec_L)/m_box) * vec_L; ——— 式(Eq.2-15)
    double Sz = vec_S.dot(z_hat);
    //滑車の加速度
    out_as[0] = f_box / m_box - vec_S / m_box + Sz * z_hat / m_box; ——— 式(Eq.2-6)
    //振子の加速度
    out_as[1] = f_ext / m + vec_g + vec_S / m; ——— 式(Eq.2-7)
  };
};
```

（※1）3次元ベクトルを表現するためのクラスです。詳細は5.4節を参照ください。

（※2）多粒子質点系のルンゲ・クッタ法による数値計算を行うためのクラスです。詳細は5.5節を参照ください。

（※3）Particlesクラスは（※2）のRK4_Nbodyクラスを継承します。

（※4）コンストラクタに質点数と時間間隔を与えます。

（※5）時刻tに与える「滑車への外力」を設定する関数の定義と実行部分です。

（※6）質点に加わる「加速度」を設定する関数です。もともとRK4_Nbodyクラスのメンバ関数ですが、対象となる物理系に合わせて設定する必要があるためオーバーロードします。第1引数は「時刻」、第2引数と第3引数は「質点の位置ベクトルと速度ベクトルの配列」、第4引数は「計算後の加速度ベクトル」を受け取る配列です。

◆Particlesクラスを用いた数値計算方法

続いては、Particlesクラスを用いて2つの質点の運動を時刻0～5秒まで0.001秒刻みで数値計算するプログラムについて解説します。

▼Particlesクラスを用いた数値計算方法（InvertedPendulum/RK4_Nbody/main.cpp）

```
//時刻の範囲
double t_min = 0;
double t_max = 5.0;
double dt = 0.001;    //時間間隔
//初速度
double v0 = 0.0;//滑車
double v1 =0.0;//おもり
```

```
//ひもの長さ
double L = 1.0;
int main(void) {
  //計算結果保持用文字列ストリーム
  std::ostringstream data1;
  std::ostringstream data2;
  //ルンゲクッタオブジェクトの生成
  Particles particles(2, dt);
  //位置ベクトルと速度ベクトル
  particles.rs[0].set(0, 0, 0);
  particles.vs[0].set(v0, 0, 0);                                   (※1)
  particles.rs[1].set(0, 0, - L);
  particles.vs[1].set(v1, 0, 0);
  int M = int ((t_max - t_min) / dt);
  for (int i = 0; i <= M; i++) {                                   (※2)
    double t = i * dt;
    if (i % 10 == 0) data1 << particles.rs[0].x << " " << particles.rs[0].z << std::endl;
    if (i % 10 == 0) data2 << particles.rs[1].x << " " << particles.rs[1].z << std::endl;
    //ルンゲ・クッタ法による時間発展
    particles.timeEvolution(t);                                    (※3)
    for (int n = 0; n < 2; n++) {
      //位置の更新
      particles.rs[n] = particles.rs[n] + particles.drs[n];        式(Eq.2-16)
      //速度の更新
      particles.vs[n] = particles.vs[n] + particles.dvs[n];        式(Eq.2-17)
    }
  }                                                                (※4)
  double E1 = 1.0 / 2.0 * m_box * particles.vs[0].lengthSq() + m_box * g * particles.rs[0].z;
  double E2 = 1.0 / 2.0 * m * particles.vs[1].lengthSq() + m * g * particles.rs[1].z;
  double _L01 = Vector3::distance(particles.rs[1], particles.rs[0]);  (※5)
  std::cout << "ΔL=" << (_L01 - L) << " E=" << E1 + E2 << std::endl;
}
```

（※1）rsとvsはRK4_Nbodyクラスのメンバ変数（配列）で、それぞれ質点の位置ベクトルと速度ベクトルです。配列要素番号0番が「滑車」、1番が「おもり」を表します。

（※2）繰り返し10回に一度の割合で質点の位置ベクトルを取得して、文字列ストリームへ与えます。

（※3）引数に「現在の時刻」tを与えたRK4_NbodyクラスのtimeEvolution関数を一度実行すると、質点の位置ベクトルと速度ベクトルの差分$\Delta \boldsymbol{r}(t), \Delta \boldsymbol{v}(t)$がRK4_Nbodyクラスのメンバ変数（配列）drs、dvsに格納されます。

（※4）「滑車」と「おもり」の力学的エネルギー（運動エネルギー＋位置エネルギー）をそれぞれ計算しています。

（※5）「滑車」と「おもり」の距離を計算しています。理論的には「紐の長さ」と一致するはずですが、計算誤差によって少しずつズレてしまいます。このズレが計算結果の妥当性に直結する量といえます。

5.4 Vector3 クラスのヘッダーファイル

次のプログラムは、3次元ベクトルを表すVector3クラスのヘッダーファイルです。3次元ベクトルでよく利用する演算をメンバ関数と演算子オーバーライドで実装しています。

▼Vector3クラスのヘッダーファイル（Vector3.h）

```
#include <math.h>
class Vector3 {
public:
  //プロパティ
  double x, y, z;
  //コンストラクタ
  Vector3() {
    x = y = z = 0;
  }
  Vector3(double _x, double _y, double _z) {
    x = _x;
    y = _y;
    z = _z;
  }
  //ディストラクタ
  ~Vector3() {};
```

```
//オーバーロード
Vector3& operator = (const Vector3&);
friend void operator *= (Vector3&, const Vector3&);
friend void operator += (Vector3&, const Vector3&);
friend Vector3 operator * (const Vector3&, const Vector3&);
friend Vector3 operator * (const Vector3&, double);
friend Vector3 operator * (double, const Vector3);
friend Vector3 operator + (const Vector3&, const Vector3&);
friend Vector3 operator + (const Vector3&, double);
friend Vector3 operator + (double, const Vector3&);
friend Vector3 operator - (const Vector3&, const Vector3&);
friend Vector3 operator - (const Vector3&, double);
friend Vector3 operator - (double, const Vector3&);
friend Vector3 operator / (const Vector3&, const Vector3&);
friend Vector3 operator / (const Vector3&, double);
friend Vector3 operator / (double, const Vector3);
//静的メンバ関数
static double dot(Vector3&, Vector3&);                    //内積
static double distanceSq(Vector3&, Vector3&);             //距離の２乗
static double distance(Vector3&, Vector3&);               //距離
static double lengthSq(Vector3&);                         //長さの２乗
static double length(Vector3&);                           //長さ
static Vector3 addVectors(Vector3&, Vector3&);            //和
static Vector3 subVectors(Vector3&, Vector3&);            //差
static Vector3 crossVectors(Vector3&, Vector3&);          //外積
//メンバ関数
Vector3 clone();                                          //クローン
Vector3& set(double, double, double);                     //ベクトル成分の設定
Vector3& copy(const Vector3&);                            //コピー
Vector3& add(Vector3&);                                   //和
Vector3& sub(Vector3&);                                   //差
Vector3& addScalor(double);                               //スカラー和
Vector3& subScalor(double);                               //スカラー差
Vector3& multiply(double);                                //スカラー積
Vector3& multiply(Vector3&);                              //成分ごとの積
Vector3& multiplyScalor(double);                          //スカラー積
Vector3& divide(double);                                  //スカラー商
Vector3& divide(Vector3&);                                //成分ごとの商
Vector3& divideScalor(double);                            //スカラー商
Vector3& normalize();                                     //規格化
```

```
    Vector3& cross(Vector3&);                    //外積
    double dot(Vector3&);                        //内積
    double length();                             //長さ
    double lengthSq();                           //長さの２乗
    double angleTo(Vector3&);                    //なす角
    double distanceTo(Vector3&);                 //距離
    double distanceToSquared(Vector3&);          //距離の２乗
    bool equals(Vector3&);                       //同値判定
};
```

5.5 RK4_Nbodyクラスのヘッダーファイル

　次のプログラムは、多粒子系の質点運動をルンゲ・クッタ法を用いて計算するためのRK4_Nbodyクラスのヘッダーファイルです。RK4_Nbodyクラスを継承したクラスでA関数（加速度を定義する関数）をオーバーライドした後、timeEvolution関数を実行するごとに時間刻みごとの差分がdrs、dvsに格納されます。

▼RK4_Nbodyクラスのヘッダーファイル（RK4_Nbody.cpp）

```
#include "Vector3.h"
class RK4_Nbody {
public:
  //プロパティ
  int N;                                 //粒子数
  double dt;                             //時間刻み幅
  Vector3 *rs, *vs;                      //位置ベクトルと速度ベクトル
  Vector3 *drs, *dvs;                    //位置ベクトルと速度ベクトルの変化分
  //以下、ルンゲ・クッタ法で利用する配列
  Vector3 *v1s, *a1s, *_v1s, *_a1s;      //１段目用
  Vector3 *v2s, *a2s, *_v2s, *_a2s;      //２段目用
  Vector3 *v3s, *a3s, *_v3s, *_a3s;      //３段目用
  Vector3 *v4s, *a4s;                    //４段目用
```

```
  //コンストラクタ
  RK4_Nbody() {}
  RK4_Nbody(int _N, double _dt) { //両引数とも必須
    N = _N;
    dt = _dt;
    rs  = new Vector3[N]; vs  = new Vector3[N]; drs  = new Vector3[N]; dvs  = new Vector3[N];
    v1s = new Vector3[N]; a1s = new Vector3[N]; _v1s = new Vector3[N]; _a1s = new Vector3[N];
    v2s = new Vector3[N]; a2s = new Vector3[N]; _v2s = new Vector3[N]; _a2s = new Vector3[N];
    v3s = new Vector3[N]; a3s = new Vector3[N]; _v3s = new Vector3[N]; _a3s = new Vector3[N];
    v4s = new Vector3[N];
    a4s = new Vector3[N];
  }
  //ディストラクタ
  virtual ~RK4_Nbody() {
    //動的確保したメモリの開放
    delete[] rs;  delete[] vs;  delete[] drs;  delete[] dvs;
    delete[] v1s; delete[] a1s; delete[] _v1s; delete[] _a1s;
    delete[] v2s; delete[] a2s; delete[] _v2s; delete[] _a2s;
    delete[] v3s; delete[] a3s; delete[] _v3s; delete[] _a3s;
    delete[] v4s; delete[] a4s;
  }
  //加速度ベクトルを与えるメソッド
  virtual void A(double t, Vector3 *rs, Vector3 *vs, Vector3 *out_as);
  //速度ベクトルを与えるメソッド
  void V(double t, Vector3 *rs, Vector3 *vs, Vector3 *out_vs);
  //時間発展を計算するメソッド
  void timeEvolution(double t);
};
```

振子運動シミュレーション

6.1　動作確認 1：おもりに初速度を与えた場合

6.2　動作確認 2：滑車に周期的な力を与えた場合

6.3　単振子運動シミュレーション

6.4　強制振動運動シミュレーション

6.1 動作確認1：おもりに初速度を与えた場合

「滑車」の質量を$m_{\mathrm{box}} = 10$、「おもり」の質量を$m = 1$、紐の長さを$L = 1$、重力加速度ベクトルを$\boldsymbol{g} = (0, 0, -10)$として、第5章で紹介したプログラムの動作確認を行います。フリー滑車（初速度0、外力0）に対して「おもり」に初速度を与えた場合です。初速度の大きさは、「滑車」が固定されている場合（実質的に通常の単振子）に「おもり」がちょうど真上に来る$v_1 = 2\sqrt{gL}$を与えます。

▼初速度の与え方（InvertedPendulum1/RK4_Nbody/main.cpp）

```
double v0 = 0; //滑車
double v1 = 2.0 * sqrt(g*L); //おもり
```

図2-3は「滑車」と「おもり」の軌跡です（5秒間）。初期条件として「おもり」に与えたエネルギーの一部は「滑車の運動エネルギー」に変換されてしまうため、「おもり」は頂点まで来ることができません。「おもり」はおよそ0.8［m］まで上昇していることから、約10%が「滑車の運動エネルギー」に変換されていることになります。なお、「滑車」と「おもり」の相対位置のみを考えると周期的な運動となります。

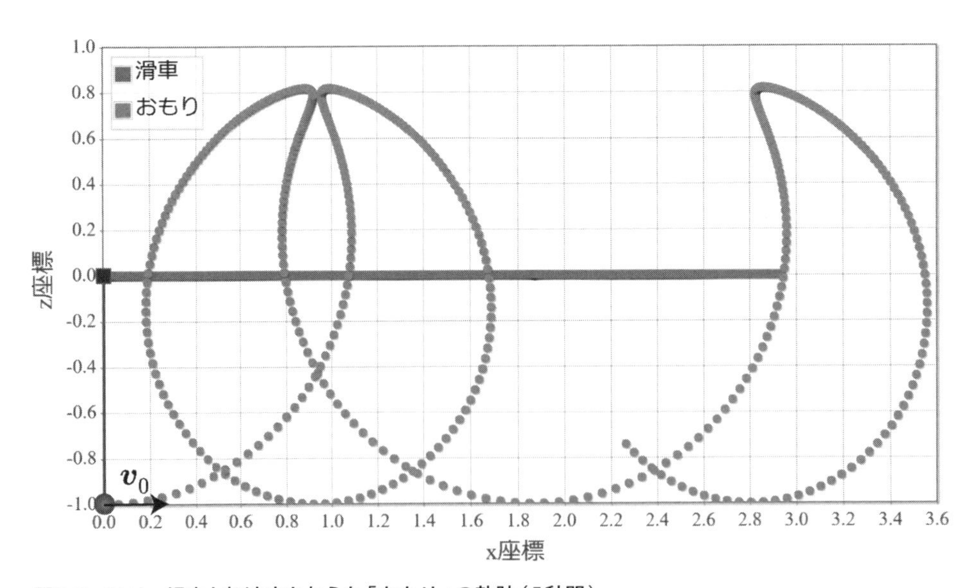

図2-3　フリー滑車と初速度を与えた「おもり」の軌跡（5秒間）

6.2 動作確認2：滑車に周期的な力を与えた場合

初期条件として「おもり」を静止させておき、「滑車」に周期的な力

$$\boldsymbol{f}_{\rm box} = f_0 \sin(\omega_{\rm box} t)\hat{\boldsymbol{x}} \quad \text{(Eq.2-18)}$$

を与えます。ωは振動の速さを表す角振動数で、微小振動時の共鳴角振動数$\omega = \sqrt{L/g}$を与えるとします。f_0は力の大きさで、今回は「滑車」に10［$\mathrm{m/s^2}$］の加速度を与えるために$f_0 = 10m_{\rm box}$としています。

▼周期的な力の与え方（InvertedPendulum2/RK4_Nbody/main.cpp）

```
//強制振動の角振動数
double omega_box = sqrt(g / L);
//滑車へ加える外力の振幅
double f0 = 10.0 * m_box;
   ⋮
（省略）
   ⋮
//粒子クラス
class Particles : public RK4_Nbody {
   ⋮
（省略）
   ⋮
  //滑車に加わる外力ベクトル
  Vector3 f_box_function(double t) {
    return Vector3(  f0 * sin(omega_box * t), 0, 0);
  };
   ⋮
（省略）
   ⋮
}
```

図2-4は「滑車」と「おもり」の軌跡（5秒間）です。「滑車」は自由に動くことができるため、（強制振り子とは異なって）力が周期的であっても時間とともにxの正の方向へ動いていきます。一方、「おもり」は「滑車」から受ける力でエネルギーが供給され、振動が大きくなって一回転している様子がわかります。

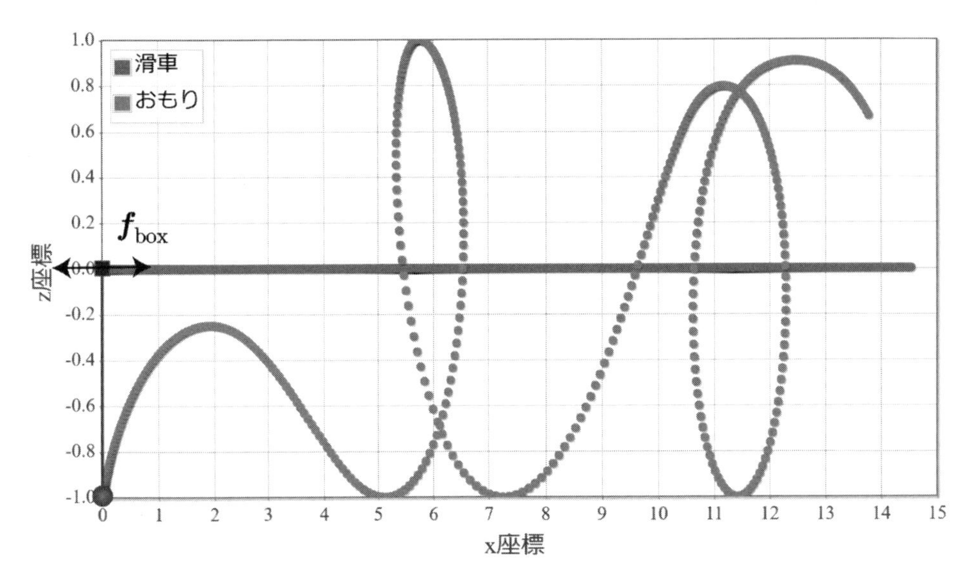

図2-4　滑車に周期的な力を加えた際のおもりの軌跡（5秒間）

6.3 単振子運動シミュレーション

ここでは、伸び縮みしない紐に結び付けられた「おもり」について考えます。振り子の支点が空間的に固定されている場合、その運動は単振子運動と呼ばれます。倒立振子シミュレーションの前に、第5章で紹介したプログラムの理解を深めるために、張力の**表式（Eq.2-15）**を変形して単振子運動シミュレーションを行います。

単振子運動は、滑車が動かない、つまり質量$m_{\rm box}=\infty$として表現できます。また、「おもり」には外力が加わらないとします。単振子運動のときに働く張力は次のとおりです。

【計算アルゴリズム】単振子運動時に働く張力ベクトル

$$\boldsymbol{S} = -\frac{m}{L^2}\left[|\boldsymbol{v}|^2 + \boldsymbol{g}\cdot\boldsymbol{L}\right]\boldsymbol{L} \qquad \text{(Eq.2-19)}$$

次のプログラムは、単振子運動シミュレーションを行うために、5.3節で解説したParticlesクラスのA関数に**式（Eq.2-19）**の張力ベクトルを組み込んだものです。**図2-5**は、初速度0で最下点に配置した「おもり」が、ちょうど真上にくる初速度$v_0=2\sqrt{gL}$を初期条件として与えた場合の運動の軌跡です。**図2-3**と対比すると、意図したとおり、ちょうど真上で静止していることがわかります。

▼単振子運動シミュレーションのための加速度ベクトル
（SinglePendulum/RK4_Nbody/main.cpp）

```
void A(double t, Vector3 *rs, Vector3 *vs, Vector3 *out_as) {
      ⋮
   （省略）
      ⋮
  //張力ベクトル
  Vector3 vec_S = -m /vec_L.lengthSq() * (v_ij.lengthSq() + vec_g.dot(vec_L)) * vec_L;  ← 式（Eq.2-19）
  //滑車の加速度
  out_as[0] = Vector3(0, 0, 0);
  //振子の加速度
  out_as[1] = vec_g + vec_S / m;
};
```

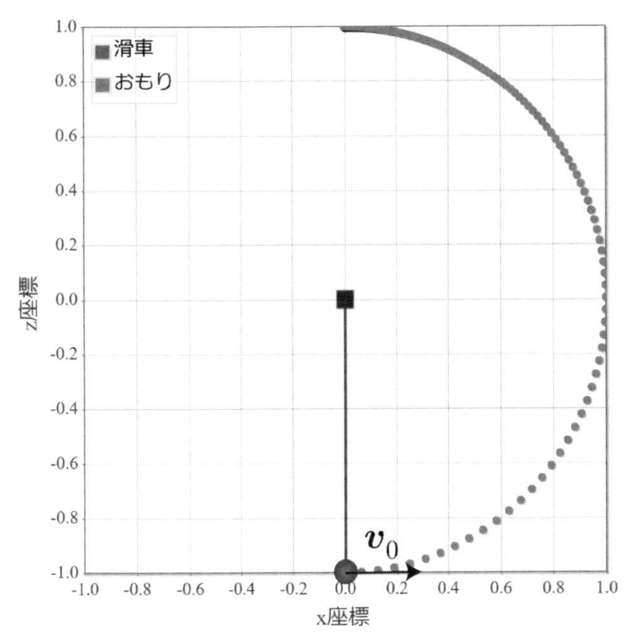

図2-5 最下点に配置したおもりに初速度 $v_0 = 2\sqrt{gL}$ を与えた場合（5秒間）

6.4 強制振動運動シミュレーション

支点を左右に周期的に振動させることで生じる単振子運動は、強制振動運動と呼ばれます。張力の**表式（Eq.2-15）**を変形し、本節の最後で強制振動運動シミュレーションを行います。強制振動運動は、「滑車」の質量が $m_{\rm box} = \infty$ でありながら、位置、速度、加速度が時間とともに変化します。ここでは、水平方向（x軸方向）に振幅 l、角振動数 $\omega_{\rm box}$ で振動させます。「滑車」の位置ベクトル、速度ベクトル、加速度ベクトルは次のとおりです。

$$\boldsymbol{r}_{\rm box} = l\sin(\omega_{\rm box}t)\hat{\boldsymbol{x}} \tag{Eq.2-20}$$

$$\boldsymbol{v}_{\rm box} = l\omega_{\rm box}\cos(\omega_{\rm box}t)\hat{\boldsymbol{x}} \tag{Eq.2-21}$$

$$\boldsymbol{a}_{\text{box}} = -l\omega_{\text{box}}^2 \sin(\omega_{\text{box}} t)\hat{\boldsymbol{x}} \quad \text{(Eq.2-22)}$$

式（Eq.2-15）の「滑車へ加わる外力」は、上記の加速度を用いて$\boldsymbol{f}_{\text{box}} = m_{\text{box}}\boldsymbol{a}_{\text{box}}$と表すことができます。よって、強制振動運動時に働く張力ベクトルは次のようになります。

【計算アルゴリズム】強制振動運動時に働く張力ベクトル

$$\boldsymbol{S} = -\frac{m}{L^2}\left[|\boldsymbol{v} - \boldsymbol{v}_{\text{box}}|^2 + \boldsymbol{g}\cdot\boldsymbol{L} - \boldsymbol{a}_{\text{box}}\cdot\boldsymbol{L}\right]\boldsymbol{L} \quad \text{(Eq.2-23)}$$

次のプログラムは、強制振動運動シミュレーションを行うために、Particlesクラスの A関数に**式（Eq.2-23）**の張力ベクトルを組み込んだものです。

▼強制振動運動シミュレーションのための加速度ベクトル（ForcedPendulum/RK4_Nbody/main.cpp）

```
void A(double t, Vector3 *rs, Vector3 *vs, Vector3 *out_as) {
      :
   （省略）
      :
    //滑車の外力加速度ベクトル
  Vector3 a_box = a_box_function(t); ―――――― 式（Eq.2-22）
  //張力ベクトル
  Vector3 vec_S = -m / vec_L.lengthSq()
                * (v_ij.lengthSq() + vec_g.dot(vec_L) - a_box.dot(vec_L))*vec_L;  ―― 式（Eq.2-23）
  //滑車の加速度
  out_as[0] = a_box;
  //振子の加速度
  out_as[1] = vec_g + vec_S / m;
};
```

図2-6は、**式（Eq.2-22）**の振幅（$-l\omega_{\mathrm{box}}^2$）を1として、振幅微小振動時の共鳴角振動数$\omega = \sqrt{L/g}$を与えたときの結果です。時間とともに触れが大きくなっている様子がわかります。なお、「滑車」の初速度を0としてはいけません。**式（Eq.2-21）**から初速度は$v_{\mathrm{box}}(0) = l\omega_{\mathrm{box}}$と与える必要があるため、加速度の振幅を1とした場合は$-1/\omega_{\mathrm{box}}$と与える必要があります。

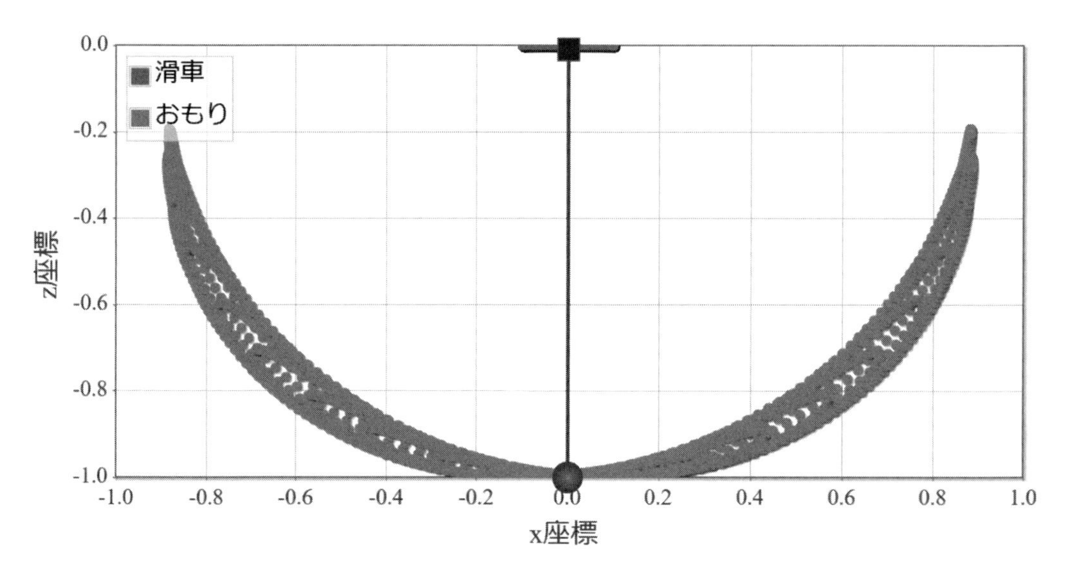

図2-6 共鳴角振動数における強制振動運動の様子（20秒間）

強化学習で倒立振子シミュレーション

7.1　倒立振子運動に対する強化学習の実装

7.2　環境（Environment クラス）の実装

7.3　エージェント（Agent クラス）の実装

7.1 倒立振子運動に対する強化学習の実装

7.1.1 強化学習の状態と行動の定義

「滑車」に外部から力を加えることで、振り子の状態を制御する方法を解説します。本書では、「振り子全体」ならびに「滑車へ外部から力を与える主体」を含めてエージェントとし、振り子の状態を判定する主体を環境とします。

図2-7は強化学習の状態を表した模式図です（右方向：x軸、上方向：z軸、手前から奥方向：y軸）。パラメータの意味は**表2-2**、**表2-3**を参照してください。振り子はx-z平面内のみを運動するとし、「滑車」は水平方向（x軸方向）のみに移動できるとします。エージェントは、振り子の状態から「次の行動」（＝滑車へ加える力）を選択します。

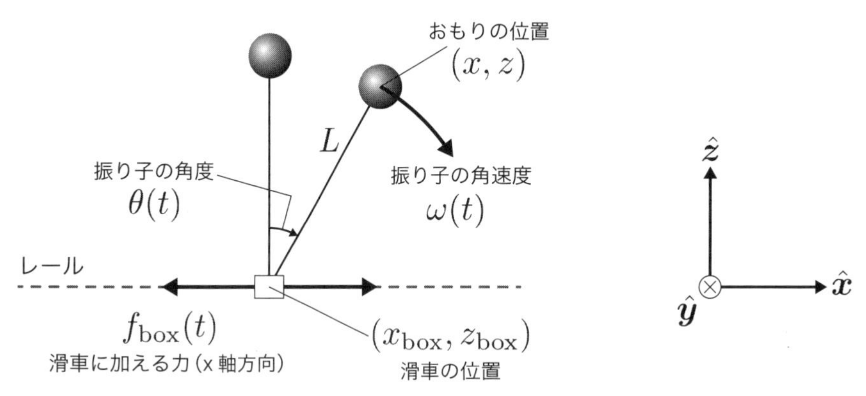

図2-7　振り子の状態を表す模式図

■表2-2　振り子の状態を表すパラメータ

状態	記号	分割数	最小値	最大値
振り子の角度	θ	N_theta	theta_min	theta_max
振り子の角速度	ω	N_omega	omega_min	omega_max
滑車の位置	x_{box}	N_x	x_min	x_max
滑車の速度	v_{box}	N_v	v_min	v_max

■表2-3　エージェントが実行可能な行動

行動	記号	分割数	最小値	最大値
外部から加える力	f_{box}	N_f_box	f_box_min	f_box_max

◆行動評価関数の定義

連続量である状態を離散的に表すには、「○○以上○○未満は△△番目の状態」という形に定義する必要があります。そのためには、パラメータごとに最小値と最大値、分割数を定義しなければなりません。これらの「プログラム上での変数名」も上記の表に加えてあります。

今回の例の場合、行動評価関数の状態は「4種のパラメータ」と「1種の行動」で定義できるため、5重の多重配列で定義します。

```
Q[n_f_box][n_theta][n_omega][n_x][n_v]
```

配列のインデックス(n_f_box, n_theta, n_omega, n_x, n_v)は、それぞれ0～(分割数-1)の値を取ります。

なお、本書で設定する倒立振子運動における強化学習のルールは次のとおりとします。

＜強化学習の基本ルール＞

- エージェントが行える動作は、倒立振子の「滑車へ外部から力を与えること」のみ
- 滑車へ加える力は、0.05秒ごとに大きさと向きを変更できる
- 環境は0.05秒ごとに倒立振子の状況を把握し、エージェントに報酬を与える

7.1.2 振り子の角度と角速度の計算方法

第6章で具体的なシミュレーション結果を示しましたが、計算結果から取得できる物理量は「おもり」と「滑車」の位置と速度だけです。この値から角度と角速度を計算する方法を解説します。

角度θは、z軸となす角として[-180°,180°]($[-\pi,\pi]$)の範囲で定義します。θは、「おもりの位置」(x,z)と「滑車の位置」$(x_{\rm box},z_{\rm box})$に応じて次のような関係になります。

$$\cos\theta = \frac{z-z_{\rm box}}{L}\ ,\ \sin\theta = \frac{x-x_{\rm box}}{L} \qquad \text{(Eq.2-24)}$$

この関係式の逆関数

$$\theta = \arccos\left(\frac{z-z_{\rm box}}{L}\right)\ ,\ \theta = \arcsin\left(\frac{x-x_{\rm box}}{L}\right) \qquad \text{(Eq.2-25)}$$

からθを決定することができますが、場合分けが必要になります。

C++などのIEEEの規格に準拠しているプログラミング言語では、arccosとarcsinは引数の範囲[-1 , 1]に対して、それぞれ$[0,\pi]$と$[-\pi/2,\pi/2]$を返す関数として定義されています。このため、$z-z_{\rm box}\geq 0$(第1象限と第4象限)の場合は**式(Eq.2-25)**のarcsin関数の結果をそのまま利用できますが、$z-z_{\rm box}<0$の場合は$x-x_{\rm box}\geq 0$(第2象限)と$x-x_{\rm box}<0$(第3象限)に分けて、次のように計算する必要があります。

【アルゴリズム】角度の計算方法

$$\theta = \begin{cases} \pi - \arcsin\left(\frac{x-x_{\rm box}}{L}\right) & \cdots\ (x-x_{\rm box}\geq 0) \\ -\pi + \arcsin\left(\frac{x-x_{\rm box}}{L}\right) & \cdots\ (x-x_{\rm box}< 0) \end{cases} \qquad \text{(Eq.2-26)}$$

「滑車」に対する「おもり」の相対位置ベクトルと相対速度ベクトルを

$$\bar{\boldsymbol{r}} \equiv \boldsymbol{r} - \boldsymbol{r}_{\rm box}\ ,\ \bar{\boldsymbol{v}} \equiv \boldsymbol{v} - \boldsymbol{v}_{\rm box} \qquad \text{(Eq.2-27)}$$

と定義すると、角加速度と相対位置ベクトル、相対速度ベクトルの関係は次のようになります。

$$\bar{\boldsymbol{v}} = \boldsymbol{\omega} \times \bar{\boldsymbol{r}} \tag{Eq.2-28}$$

×はベクトルの外積、$\boldsymbol{\omega}$は角速度ベクトルです。角速度ベクトルは大きさが角速度、方向が回転面の法線方向を表します。今回のように振り子がx-z平面を運動する場合、$\boldsymbol{\omega}$はy軸方向成分のみを持ちます。回転方向は「右ねじの法則」と同様に反時計回りを正として定義されるため、**図2-7**のような回転の場合は角速度ベクトルはy軸方向（手前から奥向き）を向きます。**式（Eq.2-28）**から$\boldsymbol{\omega}$を計算するには、両辺に左から$\bar{\boldsymbol{r}}$の外積をとり、

$$\bar{\boldsymbol{r}} \times \bar{\boldsymbol{v}} = \bar{\boldsymbol{r}} \times (\boldsymbol{\omega} \times \bar{\boldsymbol{r}}) \tag{Eq.2-29}$$

ベクトル3重積の公式

$$\boldsymbol{a} \times (\boldsymbol{b} \times \boldsymbol{c}) = (\boldsymbol{a} \cdot \boldsymbol{c})\boldsymbol{b} - (\boldsymbol{a} \cdot \boldsymbol{b})\boldsymbol{c} \tag{Eq.2-30}$$

を用いると、**式（Eq.2-29）**は、

$$\bar{\boldsymbol{r}} \times \bar{\boldsymbol{v}} = (\bar{\boldsymbol{r}} \cdot \bar{\boldsymbol{r}})\boldsymbol{\omega} - (\bar{\boldsymbol{r}} \cdot \boldsymbol{\omega})\bar{\boldsymbol{r}} \tag{Eq.2-31}$$

となります。今回のように回転面が変化しない場合は、相対速度ベクトルと角速度ベクトルは必ず直交するため、**式（Eq.2-31）**の第2項の内積は0となります。よって、角速度ベクトルは、次のようになります。

【アルゴリズム】角速度ベクトルの計算方法

$$\boldsymbol{\omega} = \frac{\bar{\boldsymbol{r}} \times \bar{\boldsymbol{v}}}{|\bar{\boldsymbol{r}}|^2} = \frac{(\boldsymbol{r} - \boldsymbol{r}_{\mathrm{box}}) \times (\boldsymbol{v} - \boldsymbol{v}_{\mathrm{box}})}{|\boldsymbol{r} - \boldsymbol{r}_{\mathrm{box}}|^2} \tag{Eq.2-32}$$

今回のように回転面が変化しない場合は、角速度ベクトルはy成分しか持ちません。計算上もっと簡単な表式を導出します。相対位置ベクトルと相対速度ベクトルはy成分を持たないため、

$$\bar{\boldsymbol{r}} = (\bar{r}_x, 0, \bar{r}_z)\ ,\ \bar{\boldsymbol{v}} = (\bar{v}_x, 0, \bar{v}_z) \tag{Eq.2-33}$$

と、それぞれを成分で表すと、**式（Eq.2-32）**の外積部分は

$$\bar{\boldsymbol{r}} \times \bar{\boldsymbol{v}} = (0, \bar{r}_z\bar{v}_x - \bar{r}_x\bar{v}_z, 0) \tag{Eq.2-34}$$

となります。つまり、角速度のy成分は

$$\omega_y = \frac{\bar{r}_z\bar{v}_x - \bar{r}_x\bar{v}_z}{|\boldsymbol{r} - \boldsymbol{r}_{\text{box}}|^2} \tag{Eq.2-35}$$

と得られます。なお、**図2-7**にて$\omega_y > 0$の場合は時計回り、$\omega_y < 0$の場合は反時計回りに対応します。

7.1.3 メイン関数での実行内容

以上を踏まえて、倒立振子の強化学習用C++プログラムを作成します。強化学習で用いる環境（物理系）はEnvironmentクラス、エージェント（振り子）はAgentクラスで実装します。様々なパラメータで試行錯誤を繰り返すため、頻繁に変更が必要となる変数や関数はmain関数で設定、定義できるように設計します。ここでは全体像を把握するために、先にメイン関数のプログラムを示します。

▼倒立状態維持の強化学習
（ReinforcementLearning_InvertedPendulum_top/RK4_Nbody/main.cpp）

```
   ⋮
 （省略：インクルード文）
   ⋮
#include "Agent.h"         ─┐
#include "Environment.h"   ─┘ （※1）
//////////////////////////////////////////////////////
// グローバルパラメータ
//////////////////////////////////////////////////////
//OpenMP 並列数
const int parallelNum = 10;
```

```
//////////////////////////////////////////////////
// データ入出力関連
//////////////////////////////////////////////////
//出力先フォルダー名
std::string folderName = "output";
//ファイル名の最初と最後に付け足す文字列
std::string pre_filename = "";
std::string post_filename = "";
//学習済みデータの読み込みフラグ
bool LOAD_FLAG = false;
//行動価値関数データを読み込む
std::string load_file_name = "output/BestQ_5_21_11_11_11.txt";
//////////////////////////////////////////////////////////////
// Agentクラスのメンバ関数
//////////////////////////////////////////////////////////////
//貪欲性（Epsilon-Greedy法）
double Agent::getEpsilon(double progress) {          (※2-1)
  return 0.2 + progress;
}
//ボルツマン因子の指数（ボルツマン法）
double Agent::getBeta(double progress) {             (※2-2)
  return 500.0 * (progress * progress);
}
//倒立振子運動の初期条件を設定
void Agent::setInitialCondition(bool randamFlag) {   (※3)
  //位置ベクトルと速度ベクトルの設定
  particles.rs[0].set(0, 0, L);
  particles.vs[0].set(0, 0, 0);
  particles.rs[1].set(0, 0, 2 * L);
  particles.vs[1].set(v0, 0, 0);
}
/////////////////////////////////////////////////////////////////////
// メイン関数
/////////////////////////////////////////////////////////////////////
int main(void) {
#ifdef _OPENMP
  std::cout << "OpenMP : Enabled (Max # of threads = "
            << omp_get_max_threads() << ")" << std::endl;
  omp_set_num_threads(parallelNum);
#endif
```

```
//////////////////////////////////////////////////
// 強化学習パラメータ
//////////////////////////////////////////////////
Environment environment;                                    (※4)
//エージェント数
environment.AgentsNum = 10;
//学習回数
environment.Episode = 100000;
//時間設定
environment.t_min = 0;     //開始時刻
environment.t_max = 10.0; //終了時刻
environment.dt = 0.001;    //計算時間間隔
//エージェント実行時間間隔
environment.interval = 0.05;                                (※5)
//成功・失敗報酬
environment.r_success = 0.0;
environment.r_failure = 0.0;
//環境オブジェクトの初期化
environment.init();                                         (※6)
//状態の分割数
environment.initAgents(                                     (※7)
  1,//行動選択の方法（0:ランダム、1:Epsilon-Greedy法、2:ボルツマン法）
  0.1,//学習率
  1.0,//割引率
  5,  //滑車に加える力（N_f_box）
  21, //振り子の角度（N_theta）
  11, //振り子の角速度（N_omega）
  11, //滑車の位置（N_x）
  11, //滑車の速度（N_v）
  -20.0 * 100.0, //力の最小値（f_box_min）
  20.0 * 100.0, //力の最大値（f_box_max）
  -180.0, //角度の最小値（theta_min）
   180.0, //角度の最大値（theta_max）
  -5.0, //角速度の最小値（omega_min）
   5.0, //角速度の最大値（omega_max）
  -5.0, //滑車の位置の最小値（x_min）
   5.0, //滑車の位置の最大値（x_max）
  -5.0, //滑車の速度の最小値（v_min）
   5.0  //滑車の速度の最大値（v_max）
);
```

```
  //行動評価関数の読み込み
  if(LOAD_FLAG) environment.loadQfunction(load_file_name); ――――――――――(※8)
  //強化学習の実行
  environment.learn(); ――――――――――――――――――――――――――――――――(※9)
  //学習回数に対する成功確率を出力
  environment.ouputProbabilityOfSuccess(folderName, pre_filename, post_filename); ─┐
  //最も成功確率高いエージェントの行動評価関数を出力                                │
  environment.outputBestQfvalue(folderName, pre_filename, post_filename); ──────┼(※10)
  //最も成功確率高いエージェントを用いた振り子の軌跡を出力                          │
  environment.outputBestLocus(folderName, pre_filename, post_filename); ────────┘
  //実行終了
  std::cout << "finished" << std::endl;
}
/////////////////////////////////////////////////////
// Environmentクラスのメンバ関数
/////////////////////////////////////////////////////
//エージェントへ渡す報酬の計算する関数
double Environment::calculateReward(int agent_num) { ――――――――――――――(※11)
       ⋮
   (省略：報酬の計算)
       ⋮
  rerutn (報酬) ;
}
//失敗の定義
bool Environment::checkFailure(int agent_num, int an, double progress) { ――――(※12-1)
  if(失敗の条件) return true;
  return false;
}
//成功の設定
bool Environment::checkSuccess(int agent_num, int an, double progress) { ――――(※12-2)
  if(成功の条件) return true;
  return false;
}
```

(※1) EnvironmentクラスとAgentクラスは、それぞれヘッダーファイルEnvironment.hとAgent.hにて実装します。

(※2) 貪欲性（ϵ）を指定するAgent関数を定義しています。引数のprogressは全学習回数に対する「現在の学習回数」で0～1の値となります。この値を用いてϵを変化させます。今回は$\epsilon = 0.2$から$\epsilon = 1.2$まで、学習回数に比例して増加させています。なお、

$\epsilon > 1.0$は$\epsilon = 1.0$と実質的に同じ動作になります。

（※3）振り子の初期状態を設定する関数を定義します。今回は真上で静止させた状態を初期状態としてします。

（※4）Environmentクラスのインスタンスを生成後、これ以降で必要なパラメータを設定します。環境（物理系）の中に、指定した数の独立したエージェント（Agentクラスのインスタンス）が存在します。

（※5）エージェント実行時間間隔が0.05［s］の場合、エージェントは1秒間に20回、「滑車」へ力を指定することができます（20［Hz］）。指定した時点から次に指定するまでの間は、同じ力が加えられることになります（力積＝力×0.05）。

（※6）設定した環境用パラメータを基に、計算に必要な配列生成などの初期化を行います。なお、初期化の後にパラメータを変更すると配列サイズが反映されないため、実行時エラーとなります。

（※7）エージェントのパラメータを設定と同時に、Agentクラスのインスタンスを初期化する関数です。（※5）と同様、初期化後のパラメータ変更はできません。

（※8）LOAD_FLAGがtrueの場合に、過去に計算した行動評価関数の値を読み込みます。

（※9）Environmentクラスで指定したパラメータにて強化学習を実行します。

（※10）学習成果を外部ファイルへ出力します。

（※11）エージェントへ渡す報酬を計算するEnvironmentクラスのメンバ関数です。

（※12）失敗と成功を設定するEnvironmentクラスのメンバ関数です。ルンゲ・クッタ法による全計算ステップにて実行され、判定を行います。

7.1.4 環境(Environmentクラス)のメンバ

7.1.4項では、倒立振子の状態を表すEnvironmentクラスのメンバ変数とメンバ関数を示します。

■表2-4 Environmentクラスのメンバ変数

変数宣言	説明
int AgentsNum;	エージェント数
int Episode;	学習回数。単位はエピソード。
Agent *agents;	エージェント(Agentクラスのインスタンス)を格納する配列
double t_min; double t_max;	物理シミュレーションにおける時間の範囲
double dt;	計算時間間隔
double interval;	エージェントの行動時間間隔
double r_success;	成功時の報酬
double r_failure;	失敗時の報酬
int *timesOfSuccess;	エージェントごとの成功回数を格納する配列。配列のインデックスはエージェント番号。
double **probabilityOfSuccess;	エージェントごとの成功率を格納する配列(2重配列)。配列の第1インデックスはエージェント番号、第2インデックスは学習区間を表す番号。
int *ranking;	成功確率が高い順番に並べたエージェント番号を格納する配列
bool *ranking_flag;	rankingを生成する際に利用する配列
bool updateLowerToHigherFlag = false;	学習成果が悪いエージェントの評価関数を良いエージェントに置き換えるフラグ
int TermNum = 10;	途中経過を表示する回数。 「updateLowerToHigherFlag = true」の場合、途中経過を計算後、置き換えを実行する。全学習回数をTermNum数で分割した学習回数を本プログラムでは「学習期間」と呼ぶ。

int avegage_num = 100;	平均を計算する際の試行回数
int average_span = Episode / 100;	成功確率を計算する際に利用する学習回数。デフォルトの場合、全学習回数を100の区間に分けて、それぞれの区間における成功確率を計算。値はinit関数内で初期化される。
int actionNum = int((t_max - t_min) / interval)	最大行動数を格納。値はinit関数内で初期化される。

■表2-5　Environmentクラスのメンバ関数（メソッド）

関数	説明
void init()	初期化用関数。配列の生成ならびに初期化を実行。

void initAgents(
    int selectMethod,
    double eta, double gamma,
    int N_f_box, int N_theta, int N_omega,
    int N_x, int N_v,
    double f_box_min, double f_box_max,
    double theta_min, double theta_max,
    double omega_min, double omega_max,
    double x_min, double x_max,
    double v_min, double v_max
)
	エージェントの初期化を実行。Agentクラスのインスタンスの生成とパラメータの設定を行う。引数の意味はAgentクラスのメンバ変数を参照。

void learn()	指定した回数（Episode）の強化学習を実行。
void learnOneTerm(int term)	TermNumの値で分割されたうちの1学習期間分の学習を実行。引数は期間番号。
void updateLowerToHigher(int updateNum)	エージェントの行動評価関数値の置き換えを実行。引数は置き換えを行うエージェント数で、1からAgentsNum/2の範囲で指定。
bool learnOneEpisode(int agent_num)	引数で指定した番号のエージェントの強化学習を1エピソード実行する。戻り値は、成功（true）、失敗（false）を表すブール値。

bool checkFailure(
    int agent_num,
    int an,
    double progress
)
	第1引数で指定した番号のエージェントの強化学習の失敗判定を行う関数。引数anとprogressは、行動回数と学習進捗率。戻り値は、失敗を表すブール値（true:失敗、false:失敗ではない）。

bool checkSuccess(
    int agent_num,
    int an,
    double progress)
	第1引数で指定した番号のエージェントの強化学習の成功判定を行う関数。引数anとprogressは、行動回数と学習進捗率。戻り値は、成功を表すブール値（true:成功、false:成功ではない）。

double calculateReward(
    int agent_num,
    int an,
    double progress)
	引数で指定した番号のエージェントへ与える報酬を計算後、戻り値として返す。引数anとprogressは、行動回数と学習進捗率。

void createRanking(
    int term,
    bool outputFlag = true)
	成功確率が高い順番を計算後、結果をrankingに格納。引数termは期間番号、outputFlagは「結果をコンソールへ出力するか」を指定するブール値。

double getAverageSuccessProbability(int n = AgentsNum)	上位n個のエージェントの成功確率の平均を計算後、戻り値とする関数。

void ouputProbabilityOfSuccess(
    std::string folderName,
    std::string pre_filename,
    std::string post_filename)
	学習回数に対する成功確率のグラフ用データを出力。引数folderNameはフォルダ名。pre_filenameとpost_filenameは、ファイル名の先頭と最後尾に付ける文字列。

void outputBestLocus(
    std::string folderName,
    std::string pre_filename,
    std::string post_filename)
	最も成功確率が高いエージェントを用いた振り子の軌跡を出力。引数folderNameはフォルダ名。pre_filenameとpost_filenameは、ファイル名の先頭と最後尾に付ける文字列。

void outputBestQfvalue(
    std::string folderName,
    std::string pre_filename,
    std::string post_filename)
	最も成功確率が高いエージェントの行動評価関数を出力。引数folderNameはフォルダ名。pre_filenameとpost_filenameは、ファイル名の先頭と最後尾に付ける文字列。

void loadQfunction(std::string filename)	引数で指定したファイル名の行動評価関数を読み込む。

7.1.5　エージェント（Agentクラス）のメンバ

7.1.5項では、倒立振子を制御するエージェントを表すAgentクラスのメンバ変数とメンバ関数を示します。

■表2-6　Agentクラスのメンバ変数

変数宣言	説明
int id = 0;	エージェント番号
int selectMethod;	行動選択の方法（0：ランダム、1：Epsilon-Greedy法、2：ボルツマン法）
double eta;	学習率
double gamma;	割引率
double epsilon;	貪欲性
double V0 = 1.0;	おもりの初速度の最大値
double L = 1.0;	ひもの長さ
int N_f_box;	滑車へ与える力の分割数
int N_theta;	振り子の角度の分割数
int N_omega;	振り子の角速度の分割数
int N_x;	滑車の位置の分割数
int N_v;	滑車の速度の分割数
int n_f_box;	現在選択中の滑車へ与える力の配列インデックス
int n_theta_now;	行動前の振り子の角度の状態を表す配列インデックス
int n_omega_now;	行動前の振り子の角速度の状態を表す配列インデックス
int n_x_now;	行動前の滑車の位置の状態を表す配列インデックス
int n_v_now;	行動前の滑車の速度の状態を表す配列インデックス
int n_theta_next;	行動後の振り子の角度の状態を表す配列インデックス
int n_omega_next;	行動後の振り子の角速度の状態を表す配列インデックス
int n_x_next;	行動後の滑車の位置の状態を表す配列インデックス
int n_v_next;	行動後の滑車の速度の状態を表す配列インデックス

double f_box_min;	滑車へ加える力の最小値
double f_box_max;	滑車へ加える力の最大値
double theta_min;	振り子の角度の最小値
double theta_max;	振り子の角度の最大値
double omega_min;	振り子の角速度の最小値
double omega_max;	振り子の角速度の最大値
double x_min;	滑車の位置の最小値
double x_max;	滑車の位置の最大値
double v_min;	滑車の速度の最小値
double v_max;	滑車の速度の最大値
int actionNum;	最大行動数
int **actions;	過去の行動を保持する2重配列。第1インデックスは行動番号、第2インデックスは次に挙げる選択した行動を 0：加えた力（n_f_boxの値）を保持 1：振り子の角度（n_thetaの値） 2：振り子の角速度（n_omegaの値）を保持 3：滑車の位置（n_xの値）を保持 4：滑車の速度（n_vの値）を保持
double *****Q;	行動評価関数（5重配列）
Particles particles;	倒立振子オブジェクト → 5.3節

■表2-7　Agentクラスのメンバ変数（メソッド）

関数	説明
void initQfunction()	行動評価関数Qを初期化
void setInitialCondition(　bool randamFlag = true)	倒立振子運動の初期条件を設定。引数にfalseが与えられた場合、初速度をV0、あるいは0に固定する。
int getXindex()	滑車の現在の位置に対する配列インデックスを返す
int getVindex()	滑車の現在の速度に対する配列インデックスを返す

int getThetaindex()	振り子の現在の角度に対する配列インデックスを返す
int getOmegaindex()	振り子の現在の角速度に対する配列インデックスを返す
void setInitialState()	振り子の初期条件を設定
void updateQvalue(double r, int an)	第1引数で指定した報酬をもとに行動評価関数を更新。引数anは行動番号
void checkState(int an)	現在の状態を取得し、行動番号anの状態としてactions[an][0]～actions[an][4]に格納
void selectNextAction(int an, double progress)	次の行動を選択。引数anは行動番号、progressは学習進捗率。
void givePenalty(int an, double r_failure)	失敗時のペナルティを与える関数。行動番号を表す引数anから遡って行動評価関数を更新する。引数r_failureは失敗時のペナルティ。
void giveReword(int an, double r_success)	成功時のペナルティを与える関数。行動番号を表す引数anから遡って行動評価関数を更新する。引数r_successは成功時の報酬。
setQfunction(std::ifstream &if_Qfunction)	引数で指定したファイル名の行動評価関数を読み込む。

7.2 環境（Environmentクラス）の実装

7.2.1 learn関数

learn関数は、設定したパラメータに対する強化学習を実行する関数です。main関数で実行します。引数ならびに戻り値はありません。

▼learn関数

```
void learn() {
  if (Episode == 0) return;                                    (※1)
  for (int term = 1; term <= TermNum; term++) {
    //1期間分の学習を実行
    learnOneTerm( term );                                      (※2)
    //ランキングの生成
    createRanking( term );                                     (※3)
    //エージェントの行動評価関数値の置き換えを実行
    if (updateLowerToHigherFlag && TermNum != 1) {
      updateLowerToHigher(AgentsNum / 10);                     (※4)
    }
  }
}
```

（※1）全学習回数が0の場合は処理を行いません。

（※2）全学習回数EpisodeをTermNumで割り算した回数ごとに分割して学習を進めます。分割した学習回数を1学習期間と呼びます。 → 7.2.2項

（※3）1学習期間終了ごとの成功回数をもとにエージェントのランキングを生成します。 → 7.2.3項

（※4）成績の悪いエージェントの行動評価関数値を良いものに差し替える関数を実行します。

7.2.2 learnOneTerm関数

learnOneTerm関数は、引数で指定した学習期間の学習を実行します。戻り値はありません。

▼learnOneTerm関数

```
  void learnOneTerm( int term ) {
#pragma omp parallel for
    for (int agent_num = 0; agent_num < AgentsNum; agent_num++) {   (※1)
      //成功回数カウント用
      int success = 0;
      //1学習期間の学習回数
      int EpT = Episode / TermNum;
      //各エピソードの学習実行
      for (int episode = EpT * ( term - 1 ) + 1; episode <= EpT * term; episode++) {
        if (TermNum == 1) {   (※2)
#pragma omp critical
          if (episode % (Episode/10) == 0) {
            std::cout << "episode:" << agent_num << "-" << episode << std::endl;
          }
        }
        //初期条件の設定
        agents[agent_num].setInitialCondition();   7.3.1項
        //学習を1回実行
        bool successFlag = learnOneEpisode(agent_num, episode, true, false);   (※3)
        // 成功時の処理
        if (successFlag) success++;   (※4-1)
        if (episode % average_span == 0) {
          //学習途上の成功率を格納
          probabilityOfSuccess[agent_num][episode / average_span]
            = double(success) / average_span;   (※4-2)
          success = 0;
        }
      }
    }
  }
```

（※1）全エージェントに対して、OpenMPを用いて独立に並列計算を行います。

（※2）学習区間数（TermNum）を1とした場合、学習進捗状況を可視化するためにコンソールへ出力します。

（※3）1エピソードの学習を実行します。学習の成否を表すブール値を取得します。

（※4）学習回数がaverage_spanの倍数ごとに、probabilityOfSuccess配列に学習途上の成功確率を格納します。

7.2.3　createRanking関数

createRanking関数は、本関数実行時におけるエージェントの成功確率を計算後、成績が良い順にエージェント番号をranking配列に格納します。第1引数は学習区間番号、第2引数はコンソールへ出力するフラグです。

▼createRanking関数

```
  void createRanking(int term, bool outputFlag = true) {
#pragma omp parallel for
    for (int agent_num = 0; agent_num < AgentsNum; agent_num++) {
      timesOfSuccess[agent_num] = 0;
      for (int i = 0; i < avegage_num; i++) {
        bool successFlag = learnOneEpisode(agent_num, Episode, false, false);  ――（※1）
        if (successFlag) timesOfSuccess[agent_num]++;
      }
    }
    ⋮
（省略：timesOfSuccessの大きな順にエージェント番号をranking配列に与える）
    ⋮
    if (outputFlag) {
      std::cout << "---------結果 (" << Episode / TermNum * term << "回学習) ---------"
                << std::endl;
      for (int i = 0; i < AgentsNum; i++) {
        //確率の計算
        double p = double(timesOfSuccess[ranking[i]]) / avegage_num * 100.0;
        std::cout << i + 1 << "位 " << p << "[%] (num:" << ranking[i] << ") " << std::endl;
      }                                                                              （※2）
    }
  }
```

（※1）avegage_num回、学習なし（第3引数をfalse）でlearnOneEpisode関数を実行して成否をカウントします。

（※2）ranking配列をもとに成功確率を計算してコンソールへ出力します。

7.2.4　learnOneEpisode関数

learnOneEpisode関数は、1回分の学習を実行する関数です。第1引数はエージェント番号、第2引数はエピソード番号、第3引数は「結果を学習として反映するか」を指定するフラグ、第4引数は「運動の時系列データを出力するか」を指定するフラグです。

第3引数をfalseにすると、エージェントの行動評価関数値を更新せずに振り子運動を実行することができます。さらに第4引数をtrueにすると、計算した振り子運動の軌跡などを取り出すことができます。戻り値は成否を表すブール値です。

▼learnOneEpisode関数

```
//指定したエージェントの強化学習を１回実行
bool learnOneEpisode(int agent_num, int episode, bool learnFlag, bool outputFlag) {
  //初期条件の設定
  agents[agent_num].setInitialCondition(!outputFlag); ──── (※1)
  int Tn = int((t_max - t_min) / dt);
  for (int tn = 0; tn <= Tn; tn++) {
    //実時刻
    double t = tn * dt;
    //行動回数
    int an = tn / int(interval / dt);
    //学習回数の進捗度
    double progress = (Episode == 0) ? 1.0 : double(episode) / Episode;
    //エージェント行動時間間隔ごとに実行
    if (tn % int(interval / dt) == 0) { ──── (※2)
      //現在の状態を把握
      agents[agent_num].checkState(an); ──── 7.3.3項
      if (learnFlag && an > 0) {
        //報酬を計算
        double r = calculateReward(agent_num, an, progress); ─┐
        //行動価値関数の更新                                  ├─ (※3)
        agents[agent_num].updateQvalue(r, an); ───────────────┘
      }
      //次の行動の決定プロセス
      agents[agent_num].selectNextAction(progress, an); ──── 7.3.5項
    }
```

```
    //外部出力用データの生成
    if (outputFlag) {
      if (tn % 10 == 0) {
        data1 << … (省略) … << std::endl;
        data2 << … (省略) … << std::endl;        (※4)
        data3 << … (省略) … << std::endl;
      }
    }
    //ルンゲ・クッタ法による時間発展
    agents[agent_num].particles.timeEvolution(t);
    for (int n = 0; n < 2; n++) {
      //位置の更新
      agents[agent_num].particles.rs[n]
        = agents[agent_num].particles.rs[n] + agents[agent_num].particles.drs[n];
      //速度の更新
      agents[agent_num].particles.vs[n]
        = agents[agent_num].particles.vs[n] + agents[agent_num].particles.dvs[n];
    }
    //成功の判定
    if (checkSuccess(agent_num, an, progress)) return true;        (※5-1)
    //失敗の判定
    if (checkFailure(agent_num, an, progress)) return false;        (※5-2)
  }
  //最後まで成功判定がなされなければ失敗とみなす
  return false;        (※5-3)
}
```

(※1) 振り子に初期条件を与えるAgentクラスのsetInitialCondition関数を実行します。引数がfalseの場合は、初期条件がランダムではなく予め指定した値となります。つまり、outputFlag=trueで、その条件にて実行されます。

(※2) intervalで指定した時間間隔ごとにエージェントとのやり取りを行います。

(※3) 現在の状況に対する報酬を計算後、エージェントの行動評価関数値を更新するupdateQvalue関数を実行します。→ 7.3.4項

(※4) outputFlag=true時に出力するデータを文字列ストリームを用いて生成します。

(※5) ルンゲ・クッタ法における計算時間ステップごとに成功／失敗の判定を行います。全計算の終了後に判定が出ていない場合は失敗とします。

7.2.5 ouputProbabilityOfSuccess関数

ouputProbabilityOfSuccess関数は、学習回数に対する成功確率をテキストファイルに出力します。第1引数はフォルダ名、第2引数と第3引数は生成するファイル名の先頭と後尾に付け加える文字列です。main関数内でlearn関数（7.2.1項）を実行後に本関数を実行すると、結果をテキストファイルに出力できます。

▼ouputProbabilityOfSuccess関数

```
void ouputProbabilityOfSuccess(std::string folderName, std::string pre_filename,
                               std::string post_filename) {
  if (Episode == 0) return;
  //ファイル名の設定
  std::ostringstream filename;
  filename << folderName + "/" + pre_filename + "-ProbabilityOfSuccess_"
    << … (省略) … << post_filename << ".txt";
  // ファイル出力ストリームの初期化
  std::ofstream ofs(filename.str());
  ofs << "#x:学習回数" << std::endl;
  ofs << "#y:成功率" << std::endl;
  ofs << "#yrange:0 1 0.1" << std::endl;
  ofs << "#showLines: true true true true true" << std::endl;
  ofs << "#showMarkers: false false false false false" << std::endl;
  ofs << "#fills: false false" << std::endl;
  for (int i = 0; i <= Episode / average_span; i++) {
    double p = 0;
    for (int j = 0; j < AgentsNum; j++) {
      p += probabilityOfSuccess[j][i] / AgentsNum;
    }
    ofs << i * average_span;
    ofs << " " << probabilityOfSuccess[ranking[0]][i];                ┐
    ofs << " " << probabilityOfSuccess[ranking[AgentsNum - 1]][i];    ├── (※1)
    ofs << " " << p << std::endl;                                     ┘
  }
  ofs.close();
}
```

（※1）7.2.2項で生成したprobabilityOfSuccess配列と7.2.3項で生成したranking配列を用いて、成績が最上位、平均、最下位の成功確率を出力します。

7.2.6 outputBestLocus関数

outputBestLocus関数は、最も成功確率の高いエージェントを用いた振り子運動の結果を出力する関数です。第1引数はフォルダ名、第2引数と第3引数は生成するファイル名の先頭と後尾に付け加える文字列です。main関数内でlearn関数（7.2.1項）を実行後に本関数を実行すると、結果をテキストファイルに出力できます。

▼outputBestLocus関数

```
void outputBestLocus(std::string folderName, std::string pre_filename,
                     std::string post_filename) {
  int agent_num;
  for (int i = 0; i < AgentsNum; i++) {
    data1.str(""); data1.clear(std::stringstream::goodbit);
    data2.str(""); data2.clear(std::stringstream::goodbit);   (※1)
    data3.str(""); data3.clear(std::stringstream::goodbit);
    agent_num = (Episode == 0) ? 0 : ranking[i];
    bool flag = learnOneEpisode(agent_num, Episode,false, true);   (※2)
    if (flag) break;
  }
  //ファイル名の設定
  std::ostringstream filename;
  filename << folderName + "/" + pre_filename + "-HorizontalFreePendulum_"
    << … (省略) … << post_filename << ".txt";
  // ファイル出力ストリームの初期化
  std::ofstream ofs(filename.str());
  ofs << "#x:時刻[s]" << std::endl;
  ofs << "#legend: おもりのx座標 おもりのz座標 おもりの速度 (x成分) " << std::endl;
  ofs << "#showLines: true true true true false false" << std::endl;
  ofs << "#showMarkers: false false false false true true" << std::endl;
  ofs << "#fills: false false false false" << std::endl;
  ofs << data3.str() << std::endl;   (※3)
  ofs.close();
}
```

（※1）運動データを取得する前に、文字列ストリームを値なし（std::stringstream::goodbit）としています。

（※2）成績上位のエージェントから順番に試して、結果が実際に成功となった場合にforループを抜けます。これにより成功の場合の運動データがdata1, data2, data3に格納

　　　されます。
（※3）今回はdeta3だけ出力しています。

7.3 エージェント（Agentクラス）の実装

7.3.1 setInitialCondition関数

setInitialCondition関数は、振り子を構成する「滑車」と「おもり」に初期条件を設定する関数です。学習時（引数にtrueを与えた場合）は、「おもり」の初速度を-V0からV0までランダムで与えます。最後に、運動の軌跡を計算するときは、初速度をV0に固定して与えます。

▼setInitialCondition関数

```
void setInitialCondition( bool randamFlag = true ) {
  //おもりの初速度を設定
  double v0 = (randamFlag)?  2.0 * V0 * (0.5 - rand_real_0_1(mt)) : V0;    (※1)
  //位置ベクトルと速度ベクトルの設定
  particles.rs[0].set(0, 0, L);
  particles.vs[0].set(0, 0, 0);
  particles.rs[1].set(0, 0, 2 * L);    (※2)
  particles.vs[1].set(v0, 0, 0);
}
```

（※1）7.2.1項や7.2.2項のように「振り子が最下点で初速度0」とする場合は、「:」の後のV0を0にします。
（※2）7.2.1項や7.2.2項のように「振り子が最下点を初期位置」とする場合は、set(0,0,0)にします。

7.3.2 getXIndex関数

getXIndex関数は、現在の「滑車」の位置xから状態を表す配列インデックス(0からN_x-1までの整数)を取得する関数です。x < x_minの場合は0を、x > x_maxの場合はN_x-1を返します。x_min ≦ x ≦ x_maxの場合は、「x_minからx_max」をN_x-2等分して、対応するインデックスを返します。

なお、滑車の速度に対応するgetVIndex関数、振り子の角度に対応するgetThetaIndex関数、振り子の角速度に対応するgetOmegaIndex関数も同様の計算を行うため、詳しい解説は省略します。

▼getXIndex関数

```
int getXindex() {
  double _x = particles.rs[0].x;
  if (N_x == 1) return 0;                                          (※1)
  if (N_x == 2) return (_x < (x_max + x_min) / 2.0) ? 0 : 1;       (※2)
  //滑車の位置
  for (int j = 0; j < N_x - 1; j++) {
    double x = x_min + (x_max - x_min) / double(N_x - 2) * j;
    if (_x < x) {
      return j;
    }
  }
  return N_x - 1;
}
```

(※1) N_x=1の場合には、滑車の位置に関わらずインデックスとして0を返します。

(※2) N_x=2の場合には、x_minとx_maxで与えた範囲の中間値よりも小さい場合には0、大きい場合には1を返します。

1 2 3 4 5 6 7 8 9 10

7.3.3 checkState関数

checkState関数は、現在の状態を取得し、引数で与えた行動番号anの状態としてactions[an][0]～actions[an][4]に格納する関数です。

▼checkState関数

```
void checkState(int an) {
  actions[an][1] = getThetaIndex();
  actions[an][2] = getOmegaIndex();
  actions[an][3] = getXIndex();
  actions[an][4] = getVIndex();
}
```

7.3.4 updateQvalue関数

updateQvalue関数は、「1つ前の状態」から「現在の状態」に至った経緯を踏まえて、環境から与えられた報酬r（第1引数）を用いて行動評価関数値を更新する関数です。第2引数anは行動番号です。

▼updateQvalue関数

```
//行動評価関数を更新する
void updateQvalue(double r, int an) {
  //行動後の状態（現在の状態）
  int n_theta = actions[an][1];
  int n_omega = actions[an][2];
  int n_x = actions[an][3];
  int n_v = actions[an][4];
  //行動後の状態の行動評価関数の最大値
  double maxQ = -1E+100;
  for (int j = 0; j < N_f_box; j++) {
    if (maxQ < Q[j][n_theta][n_omega][n_x][n_v]) {
      maxQ = Q[j][n_theta][n_omega][n_x][n_v];
    }
  }
```

```
    //選択した行動
    int n_f_box = actions[an - 1][0];
    //行動前の状態
    int n_theta_old = actions[an - 1][1];
    int n_omega_old = actions[an - 1][2];
    int n_x_old = actions[an - 1][3];
    int n_v_old = actions[an - 1][4];
    //行動価値関数の更新
    double dQ = (r + gamma * maxQ - Q[n_f_box][n_theta_old][n_omega_old][n_x_old][n_v_old]);  ← 式(Eq.1-7)
    Q[n_f_box][n_theta_old][n_omega_old][n_x_old][n_v_old] += eta * dQ;  ← 式(Eq.1-8)
}
```

7.3.5 selectNextAction関数

selectNextAction関数は、「現在の状態」に対して「次の行動」を選択し、「滑車」へ加える力を設定する関数です。引数anは行動番号、progressは学習進捗率です。

▼selectNextAction関数

```
//次の行動を選択
void selectNextAction(int an, double progress) {
    //パラメータの取得
    double epsilon = getEpsilon(progress);
    double beta = getBeta(progress);
    //現在の状態を取得
    int n_theta = actions[an][1];
    int n_omega = actions[an][2];
    int n_x = actions[an][3];
    int n_v = actions[an][4];
    //ランダム選択フラグ
    bool selectRandom = false;  ← (※1-1)
    //選択する行動
    int n_f_box;
    //ランダム法以外
    if (selectMethod > 0) {
      double maxQ = -1E+100;
      double maxQ_abs = 0;
```

```
    int n_f_box_max;
    //行動評価関数の最大値とその行動を取得
    for (int j = 0; j < N_f_box; j++) {
      double Qvalue = Q[j][n_theta][n_omega][n_x][n_v];
      if (maxQ < Qvalue) {
        maxQ = Qvalue;
        n_f_box_max = j;
      }
      if (maxQ_abs < abs(Qvalue)) {
        maxQ_abs = abs(Qvalue);
      }
    }
    if (selectMethod == 1) {
      //Epsilon-Greedy法
      if (maxQ != 0 && rand_real_0_1(mt) < epsilon) { ――――――――― (※2)
        //行動は最大価値行動に決定
        n_f_box = n_f_box_max;
      }
      else {
        selectRandom = true;
      }
    }
    else if (selectMethod == 2) {
      //ボルツマン法
      if (maxQ_abs == 0) maxQ_abs = 1.0; ――――――――――――― (※3-1)
      //状態和(規格化因子)
      double state_sum = 0;
      for (int j = 0; j < N_f_box; j++) {
        //行動評価関数の値
        double Qvalue = Q[j][n_theta][n_omega][n_x][n_v];
        state_sum += exp( beta * Qvalue / maxQ_abs); ―――――――― (※3-2)
      }
      double random = rand_real_0_1( mt ); //乱数
      double int_probability = 0; //累積確率
      for (int j = 0; j < N_f_box; j++) {
        //行動評価関数値
        double Qvalue = Q[j][n_theta][n_omega][n_x][n_v];
        int_probability += exp(beta * Qvalue / maxQ_abs) / state_sum;
        if (random < int_probability) { ――――――――――――――― (※4)
          n_f_box = j;
```

```
          break;
        }
      }
    }
  }
  else{
    selectRandom = true;
  }
  //行動はランダムに決定
  if (selectRandom) {
    n_f_box = int(floor(N_f_box * rand_real_0_1(mt)));         (※1-2)
  }
  //選択した行動を保持
  actions[an][0] = n_f_box;
  //滑車へ力を与える
  if (N_f_box == 1) {
    particles.fx = (f_box_max + f_box_min) / 2.0;
  }                                                              (※5)
  else {
    particles.fx = f_box_min + (f_box_max - f_box_min) * n_f_box / double(N_f_box - 1);
  }
}
```

(※1) selectRandom = trueの場合は「次の行動」をランダムに選択します。

(※2) 行動評価関数値の最大値maxQが0の場合は未学習とみなし、「次の行動」をランダムに選択します。

(※3) ボルツマン法による行動選択確率は**式(Eq.1-10)**で定義したとおりですが、行動評価関数値の最大値に依存しない選択を実現するために、行動評価関数値を最大値で規格化します。

(※4) 3.3.4項で解説したのと同様に、累積確率が乱数値を超えたときの行動を採択します。

(※5) **式(Eq.2-1)**で示した外力を設定します。

7.3.6 giveReword関数

giveReword関数は、成功時／失敗時に、過去に遡って行動評価関数値の修正を実行する関数です。引数anは成功／失敗判定時の行動番号、rは報酬あるいはペナルティです。修正は式（Eq.1-12）と同様に、割引率の指数関数的な減衰で定義します。

▼giveReword関数

```
void giveReword(int an, double r) {
  for (int i = an; i >= 0; i--) {
    int n_f_box = actions[an][0];
    int n_theta = actions[an][1];
    int n_omega = actions[an][2];
    int n_x = actions[an][3];
    int n_v = actions[an][4];
    Q[n_f_box][n_theta][n_omega][n_x][n_v] += eta * r * pow(gamma, an - i);
  }
}
```

倒立状態維持の強化学習

8.1　学習対象と報酬の定義
8.2　基本パラメータによる学習結果
8.3　原点近傍近くに縛る報酬の与え方
8.4　最適な割引率について

8.1 学習対象と報酬の定義

第8章では、振り子を真上に配置した初期状態から倒立状態維持を目的とした強化学習を行います。ランダム性を与えるために「おもり」には初速度として-1.0～1.0［m/s］を与えるものとします。運動を開始した後、振り子が落下した場合（水平よりも下に落ちた場合）を失敗、10秒間落下しない場合を成功として、それぞれの報酬をr_{failure}とr_{success}と定義します。100,000回学習して100％の成功を目指します。

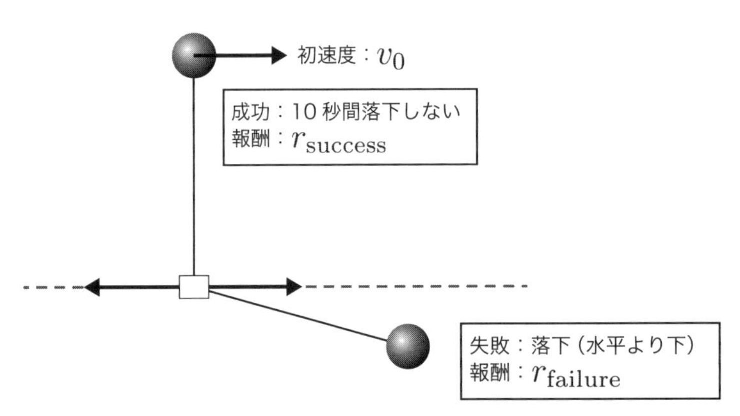

図2-8　倒立状態維持の強化学習の模式図

第4章で解説した対戦ゲームと異なり、勝敗が決する前の段階でも「行動の良し悪し」を判断できそうです。今回は「おもり」ができるだけ高い位置に居てほしいので、報酬として「おもりのポテンシャルエネルギー」を与えることにします。

【報酬の定義】ポテンシャルエネルギー

$$r = mgz \quad \text{(Eq.2-36)}$$

zは「おもり」の高さ（z座標）です。この報酬を与える`calculateReward`関数を次のように定義します。

▼エージェントへ渡す報酬を計算するcalculateReward関数

```
double Environment::calculateReward(int agent_num, int an, double progress) {
  //パラメータの取得
  double m = agents[agent_num].particles.m;
  double g = agents[agent_num].particles.g;
  double z = agents[agent_num].particles.rs[1].z;
  //報酬をポテンシャルエネルギーとする
  double r = m * g * z; ───── 式(Eq.2-36)
  return r;
}
```

その他の基本パラメータは**表2-8**のとおりです。

■表2-8　倒立状態維持の強化学習：基本パラメータ

パラメータ名	値
エージェント数	100個
学習回数	100,000回
学習法	Epsilon-Greedy法
貪欲性	$\epsilon = 0.2 + p$（pは学習進捗率）
割引率	$\gamma = 1.0$
報酬	成功時の報酬：$r_{\rm success} = 0$ 失敗時の報酬：$r_{\rm failure} = 0$ 通常時：**式(Eq.2-36)**
行動評価関数の遡り修正	あり（成功時・失敗時報酬が0の場合は実質「なし」と同じ）
行動数（力の段階）と範囲	N_f_box = 5 滑車へ加える力：$-2000 \leq f_{\rm box} \leq 2000$
状態数	振り子の角度：N_theta = 21 振り子の角速度：N_omega = 11 滑車の位置：N_x = 11 滑車の速度：N_v = 11
各状態に対する範囲	$-180° \leq \theta \leq 180°$、$-5 \leq \omega \leq 5$、$-5 \leq x \leq 5$、$-5 \leq v \leq 5$

8.2 基本パラメータによる学習結果

表2-8のパラメータを用いて強化学習を行った結果を示します。**図2-9**は独立した10個のエージェントにおける「学習回数に対する成功確率」です。3つの線は10個のエージェントの最上位、平均値、最下位に対応します。学習回数が80,000回を超えると、全エージェントで100％成功していることが確認できます。これは学習進捗率が0.8（80,000回）を超えたところで貪欲性が1となり、その地点で「最も行動評価関数値が大きな行動」を選択した場合には「適切な行動」となっていることを意味します。つまり、学習が上手く行ったことを意味しています。

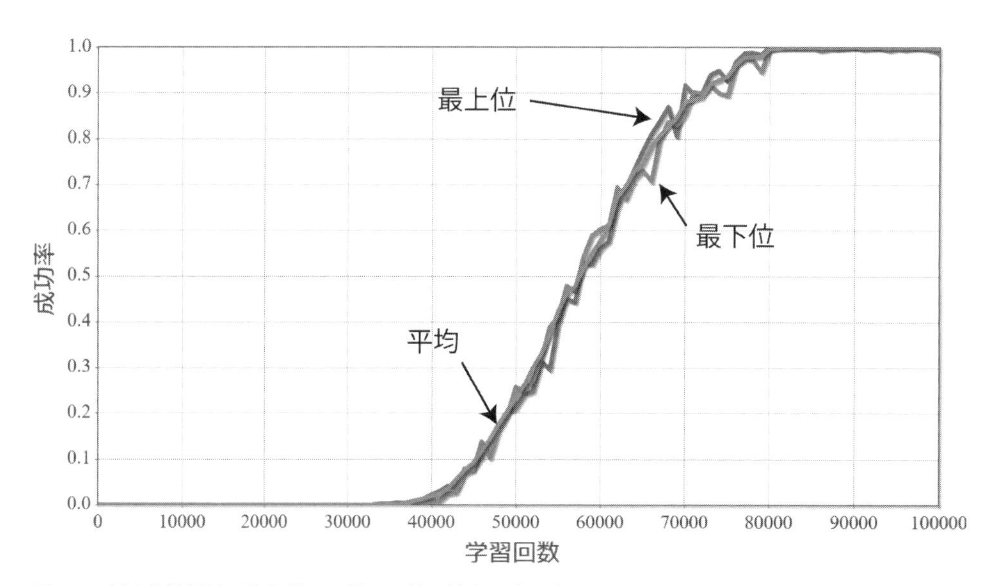

図2-9　倒立状態維持の強化学習：学習回数に対する成功確率

図2-10は、「最も学習結果が良かったエージェント」を用いた際の「おもりの位置と速度」の時系列データです。「おもりのz座標」がほぼ2（倒立状態）を維持できている様子がわかります。ただし、「おもりのx座標」は時間とともに増大していきます。これは、倒立状態を維持しながら「振り子全体がx軸方向へずれて行く」ことを表しています。報酬の与え方は、**式（Eq.2-36）**で指定したように「おもりのz座標」しか考慮していないので、当然の結果といえます。

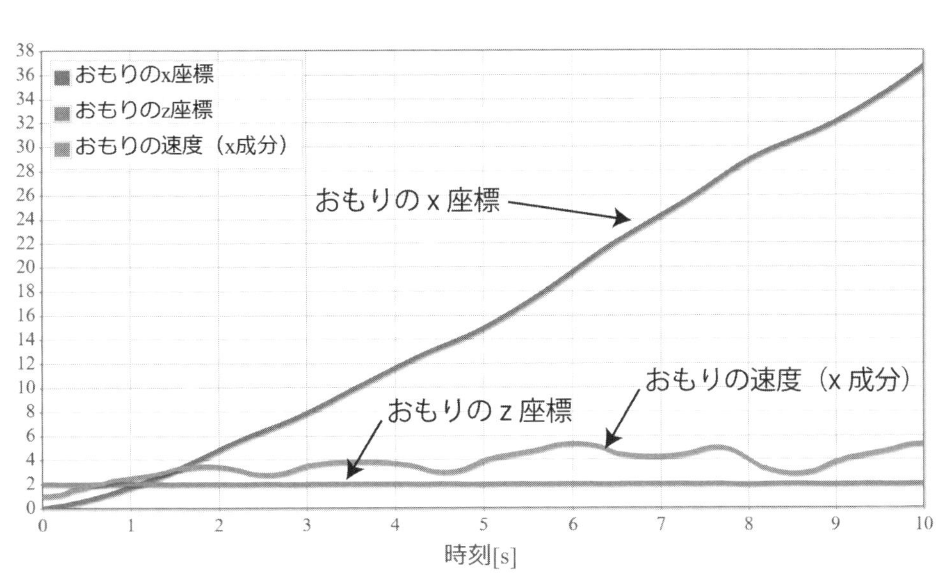

図2-10　倒立状態維持の強化学習：おもりの位置と速度の時系列データ

8.3 原点近傍近くに縛る報酬の与え方

振り子を原点近傍に留めるには、振り子が原点から離れるほど報酬を下げる必要があります。そこで、ばね弾性力になぞらえて、「おもりのx座標の2乗」に比例した減点項を**式（Eq.2-36）**に加えてみましょう。

$$r = mgz - \frac{1}{2}A_x x^2 \quad \text{(Eq.2-37)}$$

A_xは、ばね弾性力によるポテンシャルエネルギーに対応する「減点項の寄与の大きさ」を表す因子です。物理的には、ばね弾性力の大きさを表す「ばね定数」に対応し、A_xが大きいほど原点近傍に束縛することができると考えられます。どの程度の値を与えるべきかは第1項目との比で決まるので見積もります。

倒立状態の高さは2［m］なので、第1項目の最大値は$mgz = 20$です（$g = 10$、$m = 1$、$z = 2$）。原点から1［m］の範囲で留めるには、$x = 1$を与えたときの第2項目の大きさが20に対して「ある程度の大きさ」になる必要があるため、$A_x = 10$程度は必要になると思われます。ただしA_xが大きすぎると、「倒立状態の維持」よりも「おもりが原点近傍にいる」ことの方が重要視されてしまいます。まずは、A_xの大きさに対する成功率を調べます。

図2-11は、報酬として**式(Eq.2-37)**を与えた場合の「減点因子A_xに対する成功確率」です(エージェント数10個)。平均を見るとA_xが大きくなるほど成功確率が減少してく様子がわかります。これは「おもり」の位置を原点近傍に束縛しようとするあまり、「おもり」の高さが低くなっても、それを考慮できない点にあるといえそうです。

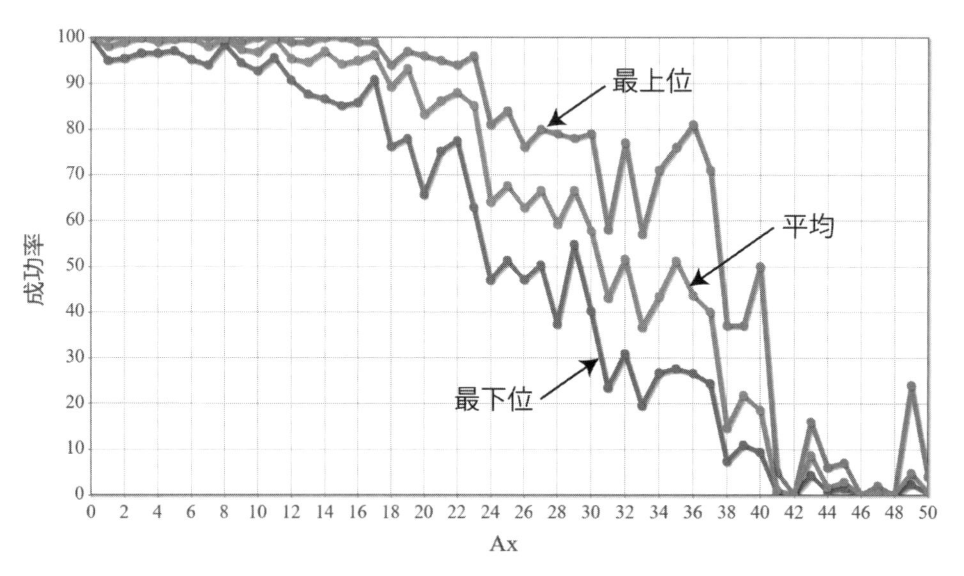

図2-11 倒立状態維持の強化学習:減点因子A_xに対する成功確率

図2-11を見る限り、$A_x = 10$程度であれば概ね学習は成功しそうです。目的どおり原点近傍に振り子を束縛できているかを調べてみましょう。

図2-12は学習回数に対する成功確率です。最終的には、平均で90%を超える成功率を達成していることがわかります。**図2-13**は「最も成績の良かったエージェント」による「おもりの位置と速度」の時系列データです。おもりの位置が1[m]の範囲内に留まっている様子が確認できます。原点近傍に留めた倒立状態維持のための報酬は**式(Eq.2-37)**で問題なさそうです。

1
2
3
4
5
6
7
8
9
10

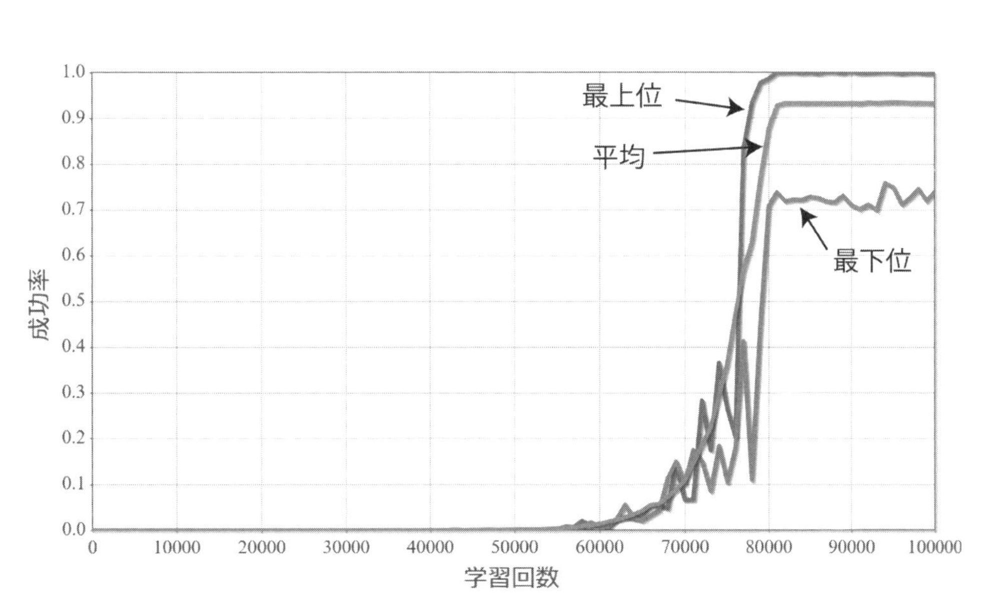

図2-12　倒立状態維持の強化学習：学習回数に対する成功確率（$A_x = 10$）

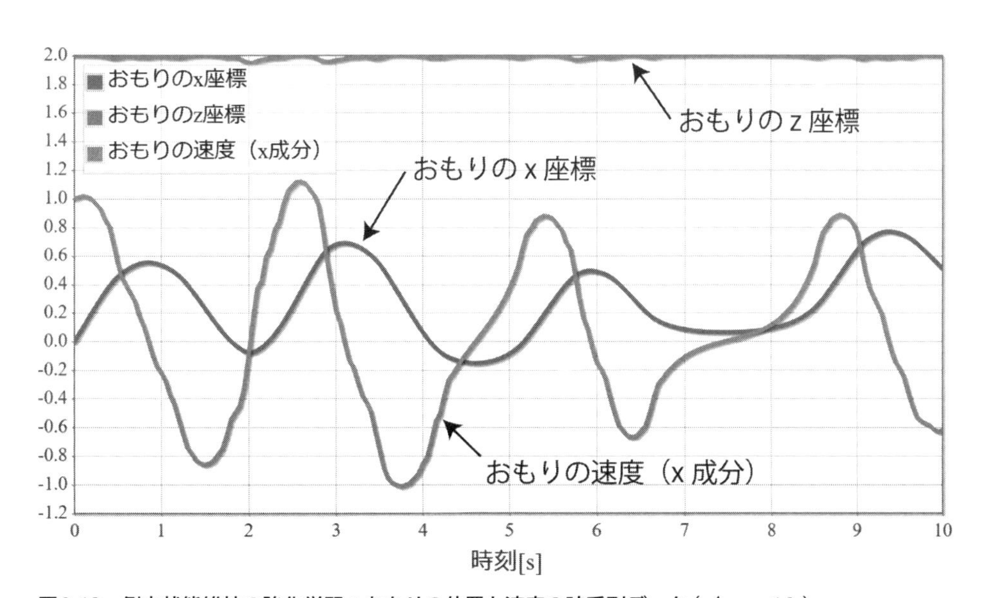

図2-13　倒立状態維持の強化学習：おもりの位置と速度の時系列データ（$A_x = 10$）

8.4 最適な割引率について

当初は割引率γを0.9として開発を進めていましたが、思いどおりの成功率を達成することができませんでした。その原因の一つとして「割引率が適切でなかった」ということが判明しました。

図2-14は、割引率に対する成功率を示したグラフです。平均の成功率は、$\gamma = 1.0$の場合はほぼ100%になりますが、割引率が小さくなるほど成功率も低くなっていく様子が確認できます。今回の例のように確率過程が存在しない物理系の場合は、割引率を1.0にした方が学習成果が良いことがわかりました。

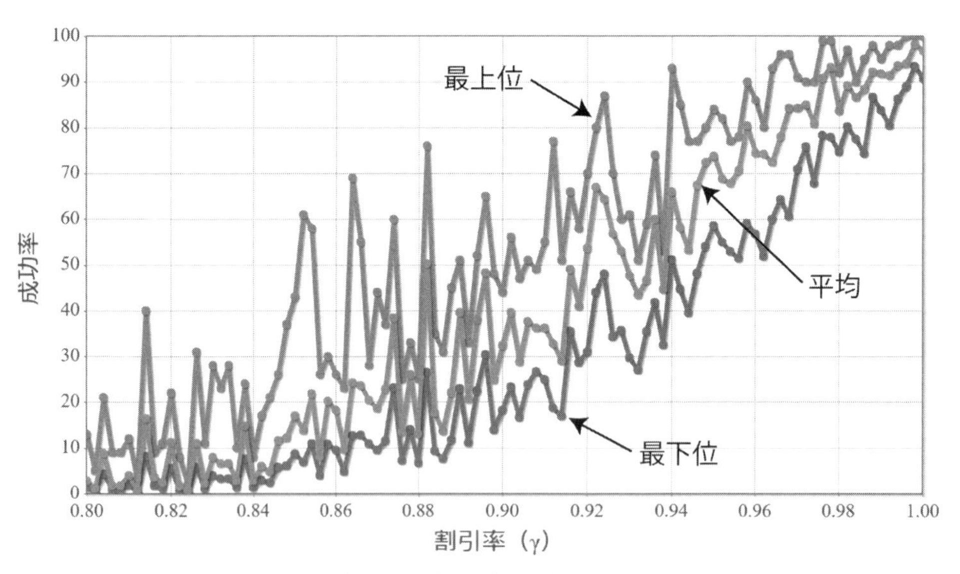

図2-14　倒立状態維持の強化学習：割引率に対する成功確率（$A_x = 10$）

最下点から強制振動運動の強化学習

9.1　学習対象の報酬の定義

9.2　成功と失敗の設定

9.3　学習結果

9.1 学習対象の報酬の定義

第8章では「おもり」が初めから最上点にある場合の強化学習を行いました。第9章では、本書の最終目的である「最下点からの強制振動」を行い、倒立状態を維持する強化学習に取り組みます。

まずは、最下点から強制振動運動を行うときの報酬を考えます。強制振動を行うには速度を増す必要があるため、「おもりの運動エネルギー」になぞらえて、速度vの2乗に比例した

$$r = \frac{1}{2}mv^2 \tag{Eq.2-38}$$

を報酬として考えます。ただし、これでは「滑車」を永遠に加速させるだけで報酬が増大してしまうため、原点近傍に留めるための減点項も必要になります。そこで、「おもりのx座標の2乗」に比例した「ばね弾性力エネルギー」に対応する減点項を報酬に加えます。

【報酬の定義】（運動エネルギー）−（ばね弾性力エネルギー）

$$r = \frac{1}{2}mv^2 - \frac{1}{2}A_x x^2 \tag{Eq.2-39}$$

成功の条件は、10秒後に「原点近傍で回転状態にあること」とします。

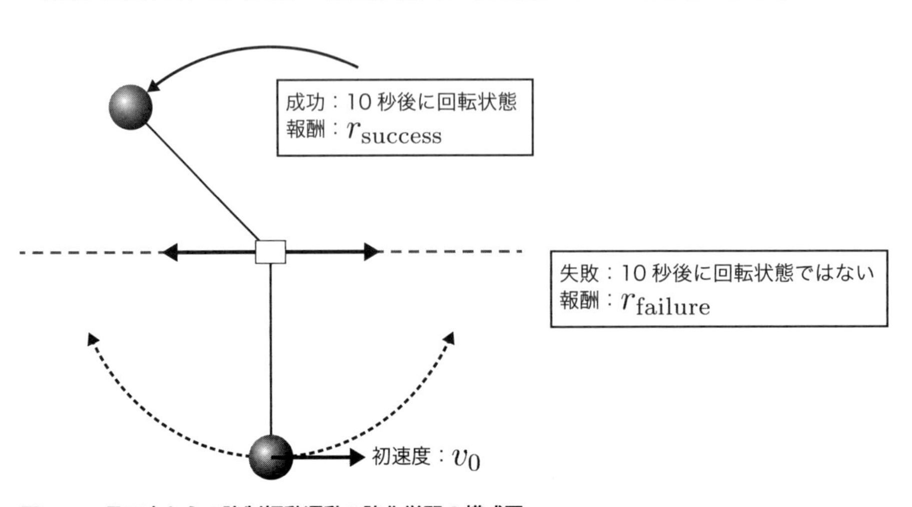

図2-15　最下点からの強制振動運動の強化学習の模式図

▼エージェントへ渡す報酬の計算する関数

```
double Environment::calculateReward(int agent_num, int an, double progress) {
    ⋮
（省略：物理量の取得）
    ⋮
  //報酬の計算
  double v_2 = vx * vx + vz * vz;
  double r = m * g * z + 1.0 / 2.0 * m * v_2 - 1.0 / 2.0 * x * x * Ax;   ← 式（Eq.2-39）
  return r;
}
```

9.2 成功と失敗の設定

「おもりが真上にいるときのポテンシャルエネルギー」より「おもりの運動エネルギー」が十分に大きければ回転状態とみなせます。さらに、原点近傍で回転状態であってほしいため、「運動エネルギー」から「ばね弾性力によるポテンシャルエネルギー」を引き算した量

$$E = \frac{1}{2}mv^2 - \frac{1}{2}A_x x^2 \qquad \text{(Eq.2-40)}$$

を定義します。成功の条件は、「おもりが真上にいるときのポテンシャルエネルギー」より「**式（Eq.2-40）**の値」が10倍以上大きい

$$E > 10mgh \qquad \text{(Eq.2-41)}$$

と設定します。なお、この10倍という値に特別な根拠はなく、回転の勢いが大きい状態であることを想定しています。

▼成功の設定

```
bool Environment::checkSuccess(int agent_num, int an, double progress) {
  //最終行動時
  if (an == actionNum) {
      ⋮
     (省略)
      ⋮
    //成功の基準を決定する量
    double E = 1.0 / 2.0 * m * v1_2 - 1.0 / 2.0 * x * x * Ax;  ――― 式(Eq.2-40)
    //成功の条件
    if (E > 10 * m*g*h) return true;  ――― 式(Eq.2-41)
    else return false;
  }
  return false;
}
```

▼失敗の設定

```
bool Environment::checkFailure(int agent_num, int an, double progress) {
     ⋮
 (省略：物理量の取得)
     ⋮
  if( abs(x)>5.0 ) {  ――― (※1)
    agents[agent_num].givePenalty(an, r_failure);
    return true;
  }
  if (an == actionNum) {
    //成功の基準を決定する量
    double E = 1.0 / 2.0 * m * v1_2 - 1.0 / 2.0 * x * x * Ax;  ――― 式(Eq.2-40)
    //失敗の条件
    if (E < 10 * m*g*h) {  ――― 式(Eq.2-41)
      agents[agent_num].givePenalty(an, r_failure);
      return true;
    }
    else return false;
  }
  return false;
}
```

（※1）途中で「おもりの原点からの距離」が5より大きくなった場合は失敗とみなします。

9.3 学習結果

図2-16は、報酬として**式（Eq.2-39）**を用いて、$A_x = 10$とした場合の「学習回数に対する成功確率」です。成績が最上位のエージェントは、ほとんど100%の成功、平均でも約88%で成功させることができました。

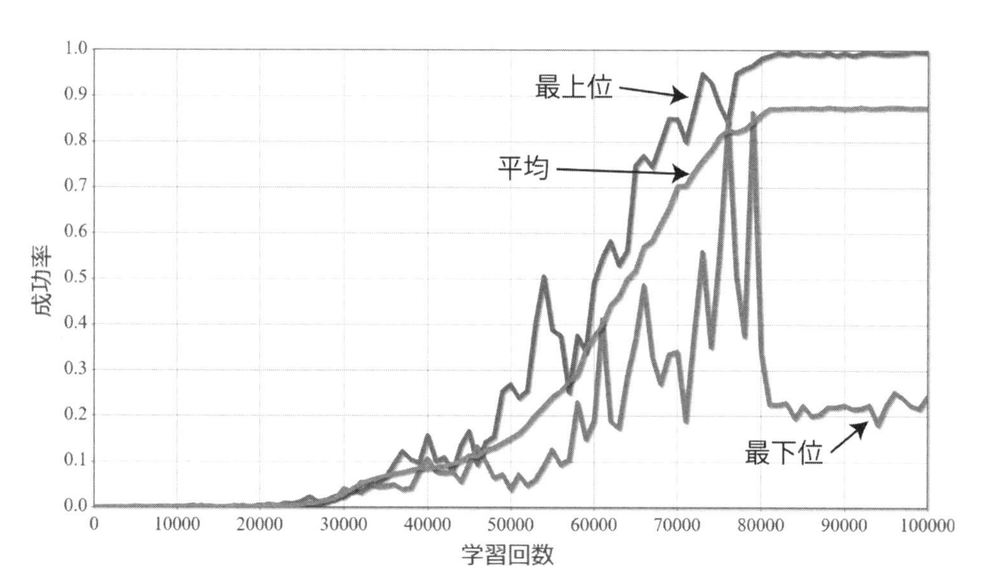

図2-16　最下点から強制振動運動の強化学習：学習回数に対する成功確率（$A_x = 10$）

図2-17は、最も成功確率の高いエージェントによる「おもりの位置と速度」の時系列データです。目標どおりの運動が実現できていることがわかります。

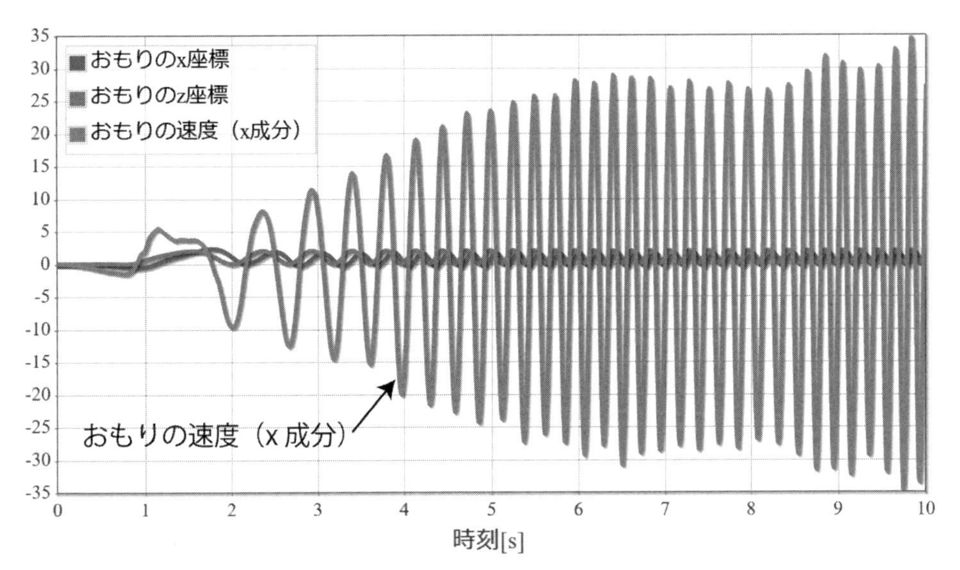

図2-17　最下点から強制振動運動の強化学習：おもりの位置と速度の時系列データ（$A_x = 10$）

最下点から倒立状態維持の強化学習

10.1　学習対象の報酬の定義

10.2　成功と失敗の設定

10.3　学習結果

10.4　最適な A_p の探索

10.5　最適なパラメータの探索時のメモ

10.1 学習対象の報酬の定義

第8章では倒立状態維持の強化学習、第9章では最下点からの強制振動運動の強化学習を行いました。これらを組み合わせて、最下点からの倒立状態維持の強化学習を行います。報酬の与え方は、エージェントの状態に応じて「強制振動モード」と「倒立維持モード」を準備します。具体的には、**図2-18**で示したように「振り子の角度」が倒立状態に近い状態

$$\frac{3}{8}N_\theta \leq n_\theta \leq \frac{5}{8}N_\theta \quad \text{(Eq.2-42)}$$

の場合を「倒立維持モード」、それ以外を「強制振動モード」の報酬を与えるとします。

【報酬の定義】強制振動モード

$$r_{\text{bottom}} = \frac{1}{2}mv^2 - \frac{1}{2}A_x x^2 \quad \text{(Eq.2-43)}$$

【報酬の定義】倒立維持モード

$$r_{\text{top}} = A_p mgz - \frac{1}{2}A_x x^2 - \frac{1}{2}A_v mv^2 \quad \text{(Eq.2-44)}$$

強制振動モードは**式（Eq.2-39）**と同じですが、倒立維持モードは第3項目に「振り子の減速」を促すための減点項が加えられています。

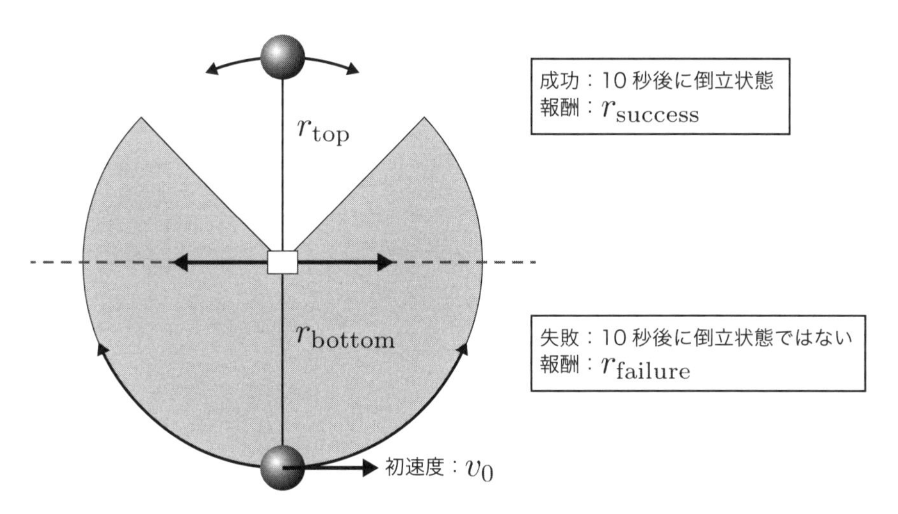

図2-18　最下点からの強制振動運動における成功と失敗の定義

▼エージェントへ渡す報酬の計算する関数

```
double Environment::calculateReward(int agent_num, int an, double progress) {
       ⋮
  （省略：物理量の取得）
       ⋮
  double r;
  //状態の取得
  int n_theta = agents[agent_num].actions[an][1];
  if ((agents[agent_num].N_theta - 1) * 3.0 / 8.0
          < n_theta && n_theta < (agents[agent_num].N_theta - 1) * 5.0 / 8.0) {
    r = Ap * m * g * z - 1.0 / 2.0 * x * x * Ax - 1.0 / 2.0 * m * v_2 * Av;   ← 式(Eq.2-44)
  }
  else {
    r = 1.0 / 2.0 * m * v_2 - 1.0 / 2.0 * x * x * Ax;   ← 式(Eq.2-43)
  }
  return r;
}
```

10.2 成功と失敗の設定

倒立状態維持を目的とするため、成功の条件を「10秒後のおもりの高さ」が最大値の95%以上と設定し、95%を下回っている場合は失敗とみなします。また、「滑車」が原点から10［m］離れた時点でも失敗とみなします。

▼成功の設定

```
bool Environment::checkSuccess(int agent_num, int an, double progress) {
  if (an == actionNum) {
    if ( z > 0.95 * h ) {
      agents[agent_num].giveReword(an, r_success);
      return true;
    }
    else return false;
  }
  return false;
}
```

▼失敗の設定

```
bool Environment::checkFailure(int agent_num, int an, double progress) {
       ⋮
   (省略：物理量の取得)
       ⋮
  if (abs(x0) > 10.0) {//滑車のx座標
    agents[agent_num].giveReword(an, r_failure);
    return true;
  }
  if (an == actionNum) {
    if (z < 0.95 * h ) {
      agents[agent_num].giveReword(an, r_failure);
      return true;
    }
    else return false;
  }
  return false;
}
```

1
2
3
4
5
6
7
8
9
10

10.3 学習結果

図2-19は、報酬として**式(Eq.2-43)**、**式(Eq.2-44)**を用いて、$A_x = 10$、$A_v = 10$、$A_p = 10$とした場合の「学習回数に対する成功確率」です。成績が最上位のエージェントの成功率は約98%、平均では約54%となりました。

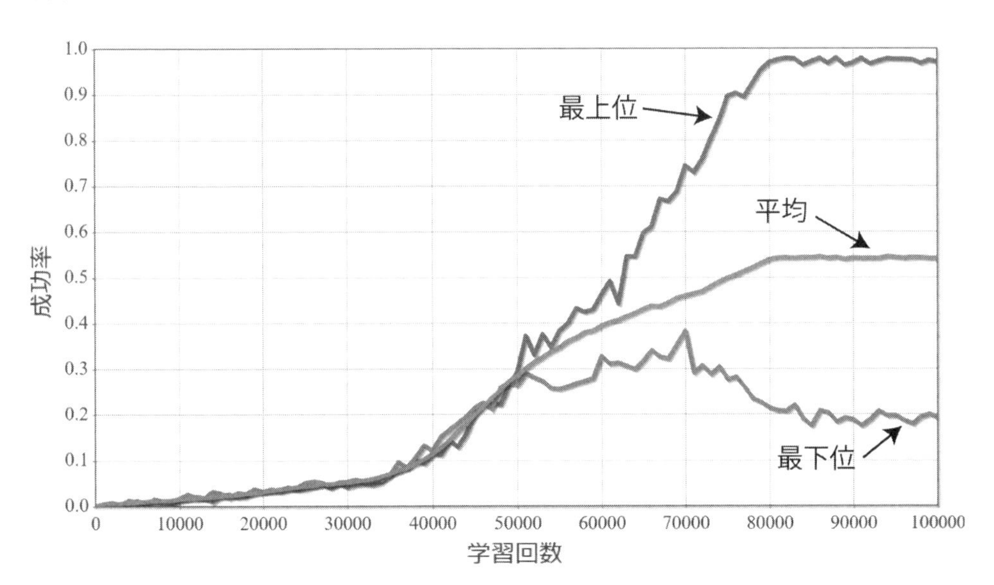

図2-19 最下点から倒立状態維持の強化学習：学習回数に対する成功確率($A_x = 10$、$A_v = 10$、$A_p = 10$)

図2-20は、最も成功確率の高いエージェントによる「おもりの位置と速度」の時系列データです。目標どおりの運動が実現できていることがわかります。

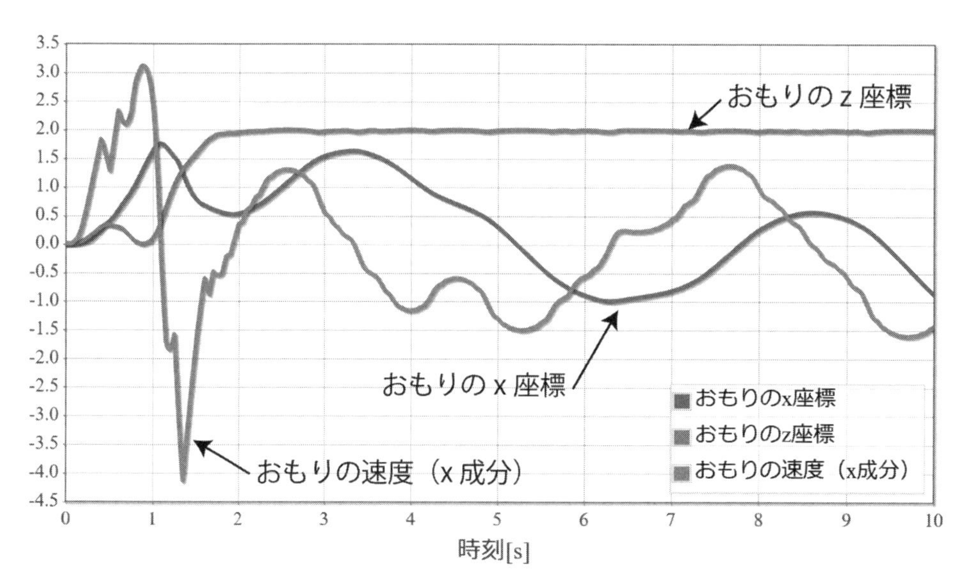

図2-20　最下点から倒立状態維持の強化学習：おもりの位置と速度の時系列データ
（$A_x = 10$、$A_v = 10$、$A_p = 10$）

10.4　最適なApの探索

報酬を定義する**式（Eq.2-43）**、**式（Eq.2-44）**には3つのパラメータ A_x、A_v、A_p が存在します。今回は、既出の A_x と A_v を10に固定し、新登場の A_p の最適な値を探索します。

図2-21はその結果です。平均の結果を見ると、A_p の値は5あたりが最適なようです。そこで、$A_x = 10$、$A_v = 10$、$A_p = 5$ とした場合の「学習回数に対する成功率」を計算した結果が**図2-22**です。平均の成功率は約73%で、**図2-19**と比較して20%程度改善することができました。今回は A_p の最適な値を探索しましたが、本来であれば3つのパラメータ A_x、A_v、A_p の最適な組み合わせが存在すると考えらます。

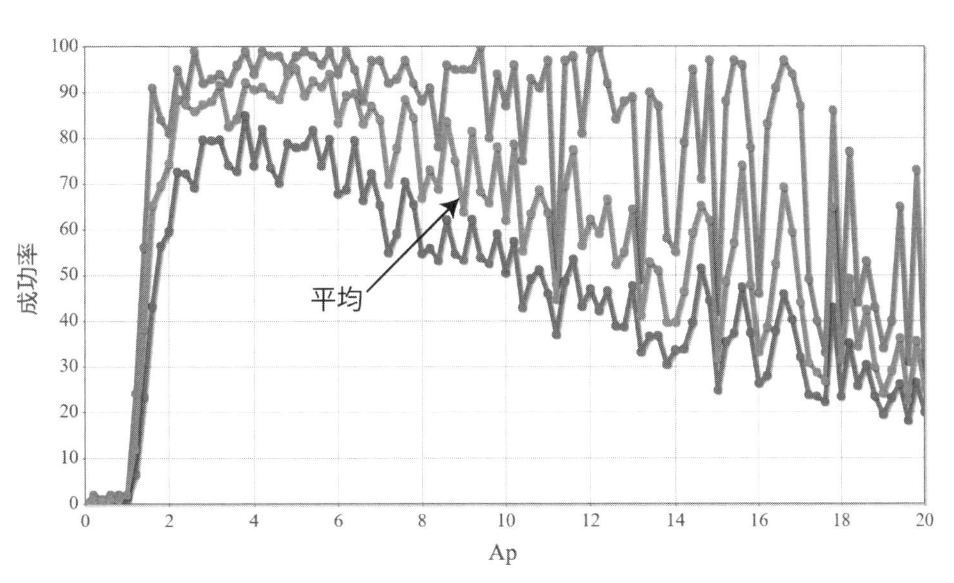

図2-21　最下点から倒立状態維持の強化学習：A_pに対する成功率（$A_x = 10$、$A_v = 10$）

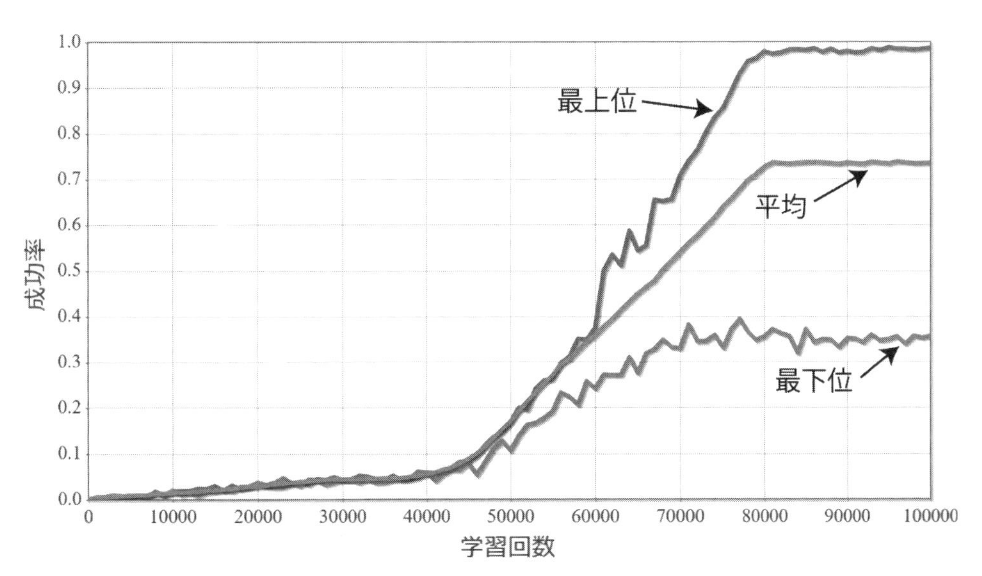

図2-22　最下点から倒立状態維持の強化学習：学習回数に対する成功確率
（$A_x = 10$、$A_v = 10$、$A_x = 10$、$A_p = 5$）

10.5 最適なパラメータの探索時のメモ

本シミュレーションでは、行動選択方法としてボルツマン法も実装しましたが、改善はみられず、むしろ悪化する結果となりました。その理由は、8.4節でも示したように「割引率γが1.0の場合の成功率が最も高いこと」にありそうです。今回の学習対象は確率的ではなく決定論であるため、学習完了後の行動選択方法も確率的なボルツマン法ではなく、$\epsilon = 1$のEpsilon-Greedy法が最適であるといえます。

成功時の報酬や失敗時のペナルティ、さらには過去に遡った行動評価関数値の修正を行っても改善はみられず、むしろ悪化する結果となりました。今回の例では、報酬をポテンシャルエネルギーや運動エネルギーといった「運動に直結した量」のみで定義しているため、人為的に与えるペナルティなどは、かえって運動の状態を正しく把握できなくさせてしまっていると考えられます。

最後に、本章で学習した倒立振子運動の動画の画面キャプチャーを**図2-23**に示しておきます。サンプルプログラムのvideo.htmlをダブルクリックすると、この動画を閲覧することができます（動画はYouTubeにアップロードされています）。少しぎこちない動きですが、最下点から始めて倒立状態を維持することができているのを確認できます。

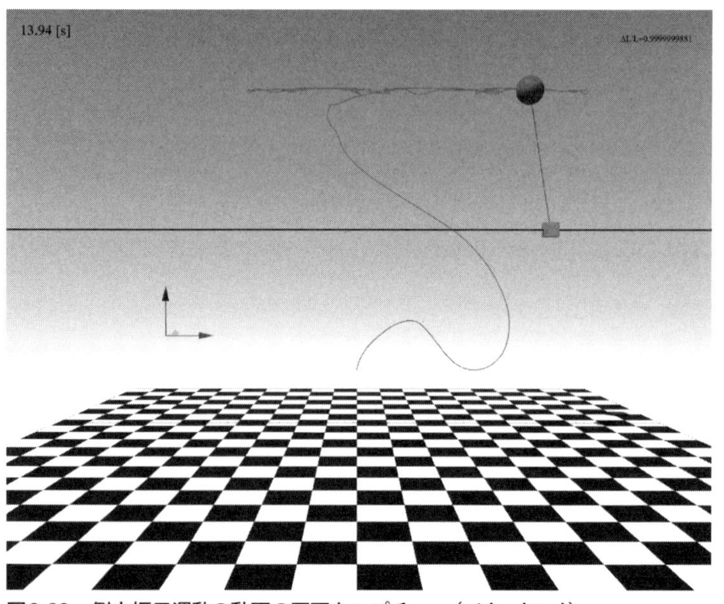

図2-23　倒立振子運動の動画の画面キャプチャー（video.html）

索引

【A～Z】

Action ……… 014
Agent ……… 014、049、118、128
Environment ……… 014、042、115、121
Epsilon-Greedy法 ……… 022、051、053、065、072、137
gcc ……… 005
MinGW ……… 005
Policy ……… 014
Q- Learning ……… 015
Q学習 ……… 015、020
Q値 ……… 015
Reward ……… 014
State ……… 014
Visual Studio ……… 005

【ギリシア文字】

β依存性 ……… 070
ε依存性 ……… 066

【あ】

暗黙知 ……… 003
エージェント ……… 014、049、106、118、128

【か】

学習率 ……… 021
環境 ……… 014、042、106、115、121
形式知 ……… 003
行動 ……… 014
行動評価関数 ……… 015、019、021、040、055、107、130、134

【さ】

重複チェック ……… 029
状態 ……… 014
状態値 ……… 029

【た】

対称性 ……… 016、024
対称操作 ……… 027
重複チェック ……… 029
貪欲性 ……… 049、066

【は】

ペナルティ ……… 074、156
方策 ……… 014
報酬 ……… 014、017、040、136、144、150
報酬（の下方修正） ……… 041、056
報酬（の減点項） ……… 139、144、150
ボルツマン因子 ……… 022
ボルツマン法 ……… 022、051、054、069、073、156

【ら】

ランダム（法） ……… 022、051、063
累積報酬 ……… 019
ルンゲ・クッタ法 ……… 082、088

【わ】

割引率 ……… 019、142
割引率依存性 ……… 075

■著者プロフィール

遠藤 理平

東北大学大学院 理学研究科 物理学専攻 博士課程修了、博士（理学）。

有限会社FIELD AND NETWORK 代表取締役、特定非営利活動法人natural science 代表理事。

利酒道二段。宮城の日本酒を片手に物理シミュレーションが趣味。

倒立振子の作り方 ゼロから学ぶ強化学習

(倒立振子: とうりつしんし)

～ 物理シミュレーション × 機械学習 ～

2019年2月10日　初版第1刷発行

著　者　　遠藤 理平
発行人　　石塚 勝敏
発　行　　株式会社 カットシステム
　　　　　〒169-0073 東京都新宿区百人町4-9-7　新宿ユーエストビル8F
　　　　　TEL　(03) 5348-3850　　FAX　(03) 5348-3851
　　　　　URL　http://www.cutt.co.jp/
　　　　　振替　00130-6-17174
印　刷　　シナノ書籍印刷 株式会社

本書に関するご意見、ご質問は小社出版部宛まで文書か、sales@cutt.co.jp宛にe-mailでお送りください。電話によるお問い合わせはご遠慮ください。また、本書の内容を超えるご質問にはお答えできませんので、あらかじめご了承ください。

Cover design *Y.Yamaguchi*

Printed in Japan　ISBN 978-4-87783-440-1